日本宝库社 编著
如鱼得水 译

M、L、XL，多尺码毛衣

手编经典男性服饰39款

MEN'S KNIT SELECTION

河南科学技术出版社
·郑州·

U0293557

目录

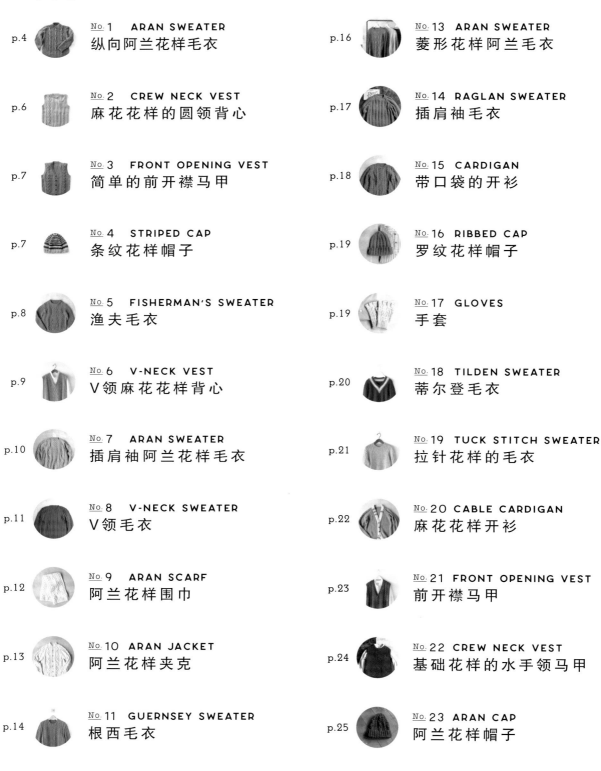

● 本书作品的编织方法，除小物之外均介绍了M、L、XL三种尺码的情况。作品以M号为主，L、XL号的毛线用量仅供参考。下面的身高、胸围、腰围与对应的尺码仅供参考，每个作品的设计不同，可能略有出入。大家可以将编织方法详情页的成品尺寸和手头的毛衣尺寸进行比对，这样更好确认自身需要的尺寸。

● 本书编织图中未注明单位的表示长度的数字均以厘米（cm）为单位。

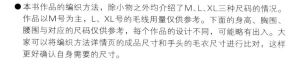

	身高	胸围	腰围
M	160～170cm	84～92cm	72～80cm
L	170～180cm	90～98cm	78～88cm
XL	175～185cm	96～104cm	86～96cm

本书用线均为和麻纳卡。

ARAN SWEATER

编织方法 » p.41

设计
大森佐由美
制作
中村美惠子
毛线
和麻纳卡 Men's Club MASTER

纵向阿兰花样毛衣

这是一件让人很想动手编织的阿兰花样毛衣。
麻花花样接着罗纹针向上延伸，强调了纵向线条。

CREW NECK VEST

编织方法 » p.44

设计
镰田惠美子
制作
山口编织工房
毛线
和麻纳卡 Men's Club MASTER

麻花花样的圆领背心

不对称的编织花样令人印象深刻。
从右肩垂直向下的麻花花样，是设计上的亮点。

3
FRONT
OPENING
VEST

编织方法 ≫ p.46

设计
山本玉枝
制作
佐藤世依
毛线
和麻纳卡 Men's Club MASTER

简单的前开襟马甲

这是一款不分年龄的简单款马甲。
在下针编织的密实织片上，设计了显眼的麻花花样。

No.
4
STRIPED
CAP

编织方法 ≫ p.48

设计
笠间 绫
毛线
和麻纳卡 Aran Tweed

条纹花样帽子

分割成四部分的条纹花样，给人眼前一亮的感觉。
粗花呢线上的结粒，也是亮点。

FISHERMAN'S SWEATER

编织方法 » p.49

设计
冈本真希子
毛线
和麻纳卡 Men's Club MASTER

渔夫毛衣

这是一款以交叉的麻花花样为主要花样的渔夫毛衣。
作为冬季的经典毛衣，想把它纳入衣橱。

V-NECK VEST

编织方法 » p.52

设计
郑 幸美

制作
千叶里子

毛线
和麻纳卡 Aran Tweed

V 领麻花花样背心

如果有一件麻花花样背心，会很方便。
使用带着微妙感觉的粗花呢线编织，简约而时尚。

ARAN SWEATER

编织方法 » p.55

设计
兵头良之子
制作
雪惠
毛线
和麻纳卡 Aran Tweed

插肩袖阿兰花样毛衣

这是一款所有场合都可以穿着的阿兰花样毛衣。
插肩袖的设计，不受肩宽局限，穿着很舒服。

V-NECK SWEATER

编织方法 ≫ p.58

设计
河合真弓
制作
石川君枝
毛线
和麻纳卡 Men's Club MASTER

V 领毛衣

V 领和竖条纹设计，给人清爽利落的感觉。
百穿不厌的经典款式，很受人欢迎。

ARAN SCARF

编织方法 » p.64

设计
林 久仁子
毛线
和麻纳卡 Aran Tweed

阿兰花样围巾

经典花样的围巾不挑年龄，颇受欢迎。
使用手感轻柔的毛线编织，质感细腻。

No. 10
ARAN
JACKET
编织方法 » p.62

设计
河合真弓
制作
堀口美雪
毛线
和麻纳卡 Aran Tweed

阿兰花样夹克

这是响应大家的呼声设计的阿兰花样夹克。
可以从中体验从休闲到传统的各种编织花样的乐趣。

GUERNSEY
SWEATER

编织方法 » p.66

设计
良

制作
中台知惠子

毛线
和麻纳卡 Men's Club MASTER

根 西 毛 衣

纵向布局根西花样，很清爽。
雅致的蓝色给人优雅的感觉。

CABLE JACKET

编织方法 » p.68

设计
兵头良之子
制作
雪惠
毛线
和麻纳卡 Aran Tweed

麻花花样夹克

排列有致的麻花花样，让传统的毛衣变得时尚。
款式简洁，整体也不会过于笨重。

ARAN SWEATER

编织方法 » p.72

设计
镰田惠美子

制作
饭塚静代

毛线
和麻纳卡
Men's Club MASTER

菱形花样阿兰毛衣

不分年龄的阿兰毛衣是很想让人收入衣柜的经典毛衣。
中间的菱形花样令人印象深刻。
从左至右依次是M号（蓝色）、L号（米色）、XL号（烟青色）

RAGLAN SWEATER

编织方法 » p.74

设计
笠间 绫

毛线
和麻纳卡 Men's Club MASTER

插肩袖毛衣

竖条纹花样和插肩袖设计，非常简单。
但是，它不失为一款雅致而时尚的毛衣。

CARDIGAN

编织方法 » p.78

设计
河合真弓

制作
冲田喜美子

毛线
和麻纳卡 Amerry L（极粗）

带 口 袋 的 开 衫

用粗线编织的开衫，可以当作夹克穿着。
简单的编织花样，不会给人笨重感。

No. 16 RIBBED CAP

编织方法 》 p.71

设计
兵头良之子
制作
土桥满英
毛线
和麻纳卡 Men's Club MASTER

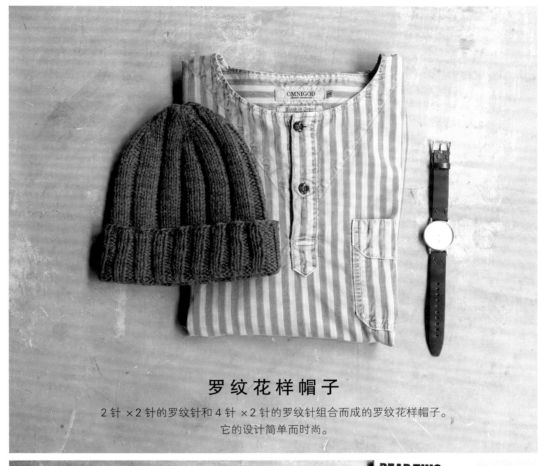

罗纹花样帽子

2 针 ×2 针的罗纹针和 4 针 ×2 针的罗纹针组合而成的罗纹花样帽子。
它的设计简单而时尚。

No. 17 GLOVES

编织方法 》 p.87

设计
冈本真希子
毛线
和麻纳卡 Aran Tweed

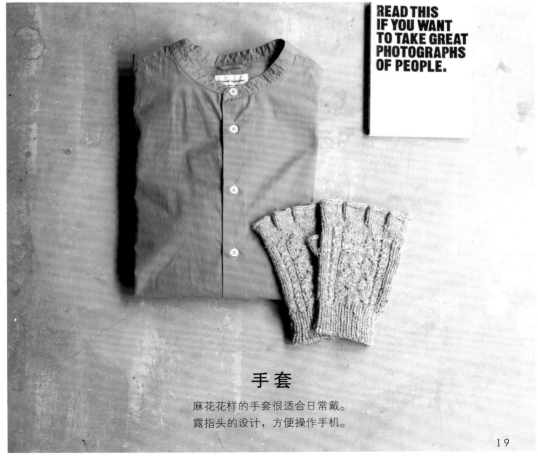

手套

麻花花样的手套很适合日常戴。
露指头的设计，方便操作手机。

TILDEN SWEATER

编织方法 » p.80

设计
风工房

毛线
和麻纳卡 Amerry

蒂尔登毛衣

领口、袖子和下摆的条纹是亮点。
很适合雅致、自在的风格。

No. **19**

TUCK STITCH
SWEATER

编织方法 » p.82

设计
横山纯子

毛线
和麻纳卡 Sonomono Alpaca Lily

拉针花样的毛衣

含羊驼毛的毛线手感极其轻柔。
接着单罗纹针编织的竖条纹花样，看起来很清爽。

麻花花样开衫

松捻的羊驼毛毛线的保暖性非常好。
前门襟上的不对称配色令人印象深刻。

FRONT OPENING VEST

编织方法 » p.88

设计
镰田惠美子
制作
有我贞子
毛线
和麻纳卡 Aran Tweed

前开襟马甲

粗花呢的时尚前开襟马甲。
非常经典的款式，值得拥有一件。

No. **22**
CREW
NECK VEST

编织方法 » p.90

设计
笠间 绫
制作
佐藤裕美
毛线
和麻纳卡 Men's Club MASTER

基础花样的水手领马甲

这是一件款式简单的水手领马甲。
类似华夫饼的基础花样能够储存空气，增加保暖性。

ARAN CAP

编织方法 » p.92

设计
风工房

毛线
和麻纳卡 Aran Tweed

阿兰花样帽子

寒冷的天气需要一顶编织帽保暖。
基础的阿兰花样，非常百搭。

LONG SNOOD

编织方法 » p.93

设计
桥本真由子

毛线
和麻纳卡 Amerry L（极粗）

长围脖

蜂窝状的凹凸花样，蓬松而温暖。
可以直接单圈佩戴，也可以围两圈，都很好看。

VEST
WITH LINE

编织方法 >> p.94

设计
郑 幸美
制作
千叶里子
毛线
和麻纳卡 Men's Club MASTER

线条装饰的马甲

色调沉稳的马甲，
很适合搭配大人穿的休闲服。
无论室内、室外，都可以穿着。

RAGLAN JACKET

编织方法 » p.96

设计
武田敦子
制作
亚砂子
毛线
和麻纳卡 Men's Club MASTER

基础花样的插肩袖夹克

将上针、下针简单地组合在一起，
编织成经典的夹克。保暖性很好。

No. **27**
ROUND YOKE SWEATER

编织方法 » p.98

设计
兵头良之子
制作
kae
毛线
和麻纳卡 Aran Tweed

圆育克毛衣

这是一款在育克处设计了配色花样的简单毛衣。
很适合搭配便装。

编织方法 » p.100

设计
岸 睦子
制作
佐野由纪子
毛线
和麻纳卡 Men's Club MASTER

V领阿兰花样马甲

V领马甲既可以在工作场合穿着，也可以当作便装。
阿兰花样的复古感也很强。

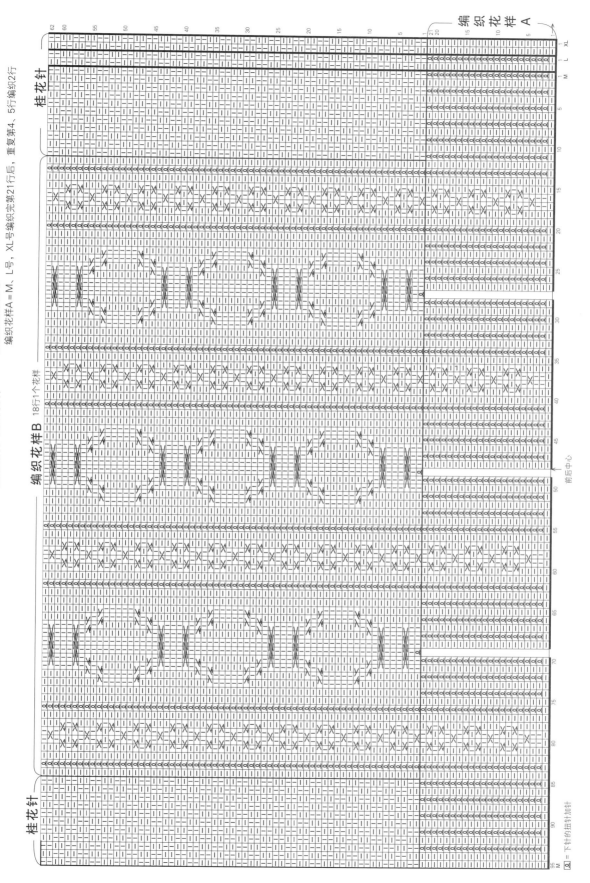

前后身片 编织花样

编织花样B 18行1个花样

编织花样A

桂花针

桂花针

※编织终点是M号

编织花样A＝M号、L号，XL号编织完第21行后，重复第4、5行编织2行

前后中心

□＝下针的扭针加针

43

No. 2

麻花花样的圆领背心

作品 » p.6

准备

[线] 和麻纳卡 Men's Club MASTER
浅灰色(56)395g/8团(M号)
L、XL号…L号9团，XL号10团

[针] 棒针 10 号、8 号

编织密度

10cm×10cm 面积内：编织花样 B 16.5 针、21 行；编织花样 C 18 针、21 行

编织要点

● 身片手指起针从下摆开始编织。织完编织花样 A 后，换针做编织花样 B、C。袖窿减针时，2 针及以上时做伏针减针，1 针时立起侧边。

● 1 针减针。
领窝有线的一侧先编织，肩部休针。中央的

● 针目加线编织伏针，然后编织另一侧。
肩部正面相对对齐钩织引拔针接合，胁部使用毛线缝针挑针缝合。衣领、袖窿从身片挑针编织单罗纹针，编织终点做单罗纹针收针。

成品尺寸

	胸围	肩宽	衣长
M	110cm	44cm	63cm
L	114cm	45cm	65cm
XL	118cm	46cm	69cm

编织花样A

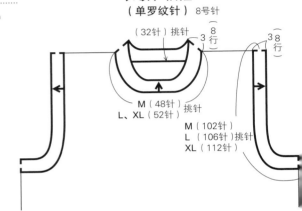

衣领、袖窿
（单罗纹针）8号针

□ = ① 下针

※没有标记尺码的地方通用

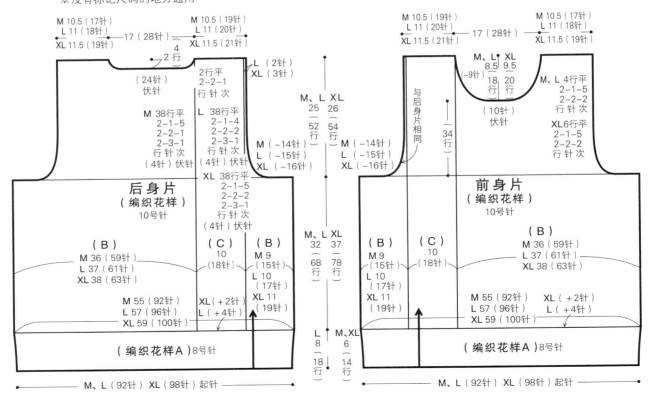

44

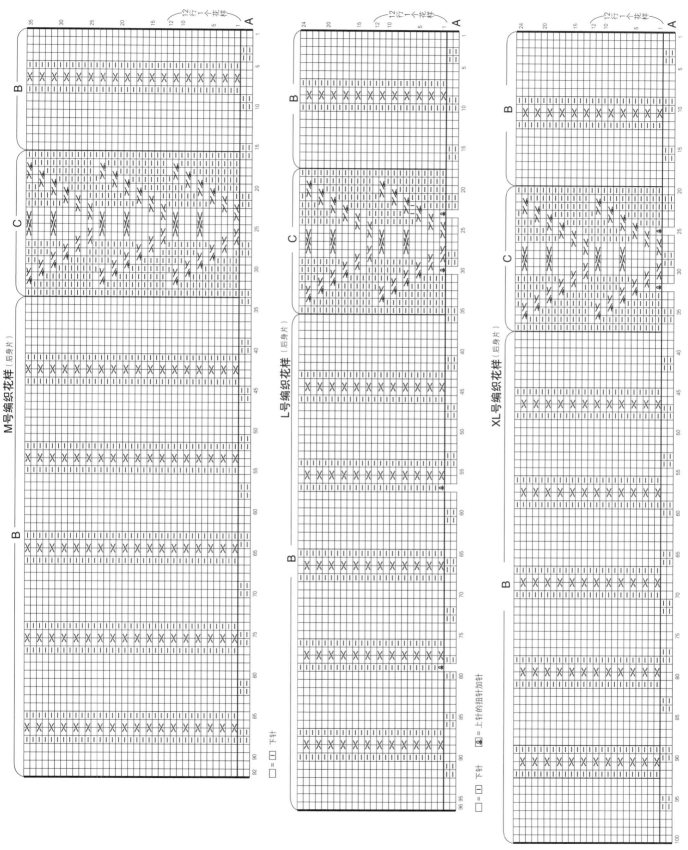

M号编织花样（后身片）

L号编织花样（后身片）

XL号编织花样（后身片）

□=□ 下针

□=□ 下针　图= 上针的扭针加针

□=□ 下针　图= 上针的扭针加针

No. 3

简单的
前开襟马甲

作品 » p.7

准备

[线] 和麻纳卡 Men's Club MASTER
蓝灰色（51）380g/8 团（M 号）
L、XL 号…L、XL 号各 9 团

[针] 棒针 10 号、8 号

[其他] 直径 19mm 的纽扣 5 颗

编织密度

10cm×10cm 面积内：下针编织 15.5 针、22 行；
编织花样 22 针、22 行

成品尺寸

	胸围	肩宽	衣长
M	108cm	42cm	62.5cm
L	110.5cm	43cm	64.5cm
XL	116.5cm	44cm	66.5cm

编织要点

● 身片手指起针从下摆开始编织。织完单罗纹针后，换针做下针编织和编织花样。袖隆减针时，2 针及以上时做伏针减针，1 针时
● 立起侧边 1 针减针。
领窝减针时，立起侧边 1 针减针，肩部休针。
● 中央的针目加线编织伏针。
肩部正面相对对齐钩织引拔针接合，胁部使用毛线缝针挑针缝合。前门襟、衣领、袖隆从身片挑针编织单罗纹针，左前门襟开扣眼。编织终点做单罗纹针收针。缝上纽扣。

※没有标记尺码的地方通用

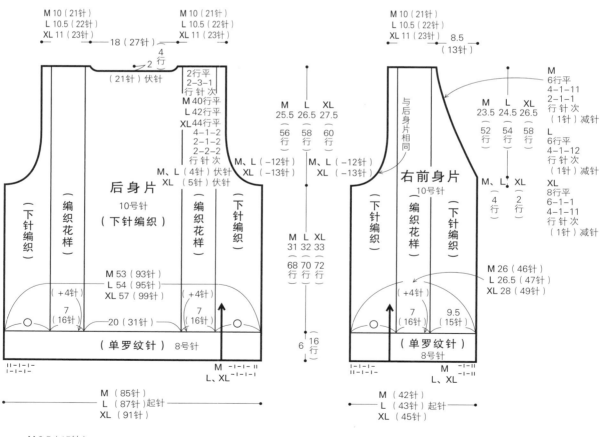

M 10（21针）
L 10.5（22针）
XL 11（23针）

18（27针）
4行
2（21针）伏针

2行平
2-3-1行针次
M 40行平
L 42行平
XL 44行平
4-1-2
2-1-2
2-2-2行针次
M、L（4针）伏针
XL（5针）伏针

后身片
10号针
（下针编织）

（下针编织）
（编织花样）
（编织花样）
（下针编织）

M 53（93针）
L 54（95针）
XL 57（99针）

（+4针）
7（16针）
20（31针）
7（16针）
（+4针）

（单罗纹针） 8号针

M（85针）
L（87针）起针
XL（91针）

M 9.5（15针）
○ = L 10（16针）
XL 11.5（18针）

M 10（21针）
L 10.5（22针）
XL 11（23针）

M、L（−12针）
XL（−13针）

M L XL
25.5 26.5 27.5
（56 58 60行）

M L XL
31 32 33
（68 70 72行）

6（16行）

M 10（21针）
L 10.5（22针）
XL 11（23针）

8.5（13针）

与后身片相同

右前身片
10号针

M
6行平
4-1-11
2-1-1行针次
（1针）减针

L
6行平
4-1-12行针次
（1针）减针

XL
8行平
6-1-1
4-1-11行针次
（1针）减针

M L XL
23.5 24.5 26.5
（52 54 58行）

M、L XL
（4 行）（2 行）

M 26（46针）
L 26.5（47针）
XL 28（49针）

（下针编织）
（编织花样）
（下针编织）

（+4针）
7（16针）
9.5（15针）

（单罗纹针）
8号针

M（42针）
L（43针）起针
XL（45针）

编织花样

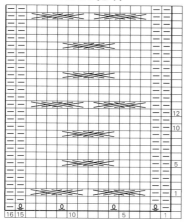

☐ = ☐ 下针
⚹ = 下针的扭针加针
⚹ = 上针的扭针加针

前门襟、衣领、袖窿
（单罗纹针）8号针　L、XL

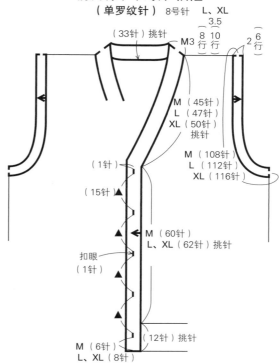

（33针）挑针　M3
3.5
8　10
行　行
2（6
行）

M（45针）
L（47针）
XL（50针）
挑针

M（108针）
L（112针）
XL（116针）

（1针）
（15针）▲
M（60针）
L、XL（62针）挑针
扣眼
（1针）
▲
M（6针）
L、XL（8针）
（12针）挑针

前门襟、扣眼（M号）

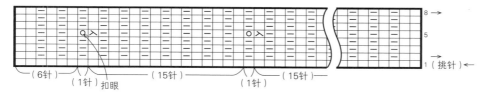

8 →
5
1（挑针）←

（6针）（1针）扣眼　（15针）（1针）（15针）

前门襟、扣眼（L、XL号）

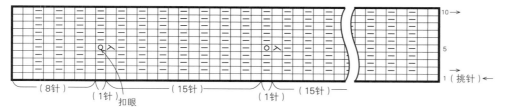

10 →
5
1（挑针）←

（8针）（1针）扣眼　（15针）（1针）（15针）

No. **4**

条纹花样
帽子

作品 » p.7

准备

[线] 和麻纳卡 Aran Tweed 灰色(3)
30g/1团、藏青色(11)20g/1团
[针] 棒针 8 号

编织密度

10cm×10cm 面积内：条纹花样 15 针、26 行

成品尺寸

帽围 50cm，帽深 20cm

编织要点

● 手指起针连成环形，从帽口开始编织双罗
纹针。然后编织条纹花样，帽顶参照图示减
针。剩余针目穿线并收紧。

条纹花样

配色 { □ = 灰色
        ■ = 藏青色
        □ = □ 下针

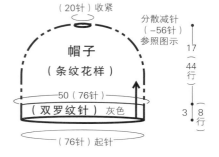

帽子

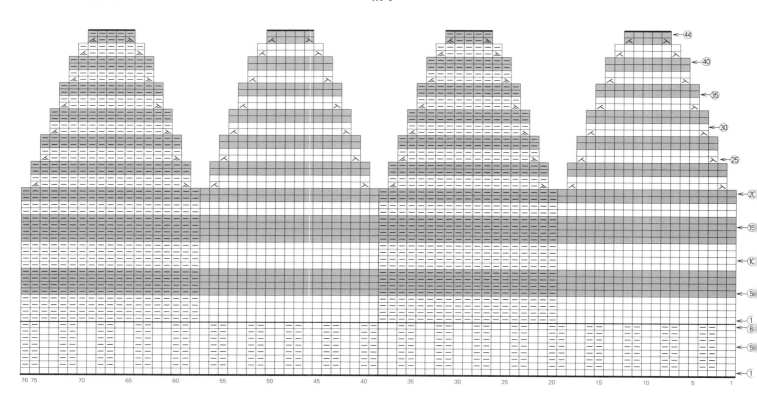

No. 5

渔夫毛衣

作品 ≫ p.8

准备

[线] 和麻纳卡 Men's Club MASTER 蓝色（69）615g/13团（M号）
L、XL号…L号14团，XL号15团

[针] 棒针10号、8号

编织密度

10cm×10cm 面积内：下针编织 14.5 针、21 行；编织花样A 19针、21行；编织花样B 17针、21 行

成品尺寸

	胸围	肩宽	衣长	袖长
M	108cm	40.5cm	65.5cm	60cm
L	114cm	42.5cm	67.5cm	63cm
XL	120cm	44.5cm	69.5cm	65.5cm

编织要点

● 身片另线锁针起针从下摆交界处开始编织。袖窿、领窝减针时，2 针及以上时做伏针减针，1 针时立起侧边 1 针减针。肩部编织引返针，然后休针。下摆编织双罗纹针，编织终点做双罗纹针收针。

● 袖的起针方法和身片相同，袖下在 1 针内侧编织扭针加针。编织终点做伏针收针。

● 肩部盖针接合，胁部、袖下使用毛线缝针挑针缝合。衣领挑针编织，编织终点做松松的伏针收针，折向内侧，卷针缝缝合。袖钩织引拔针接合于身片。

※没有标记尺码的地方通用

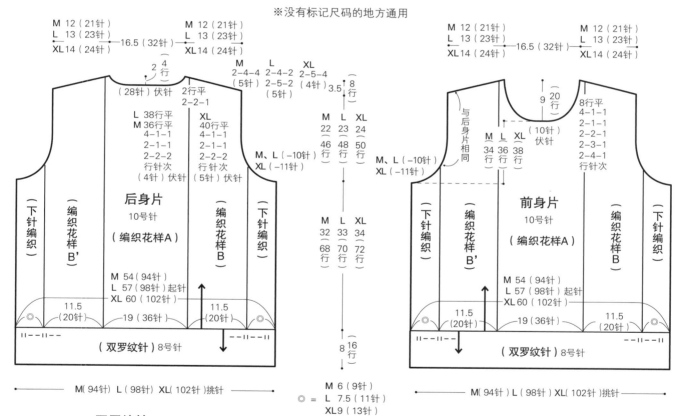

双罗纹针

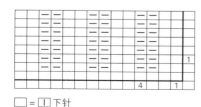

□ = ① 下针

※ 双罗纹针收针的方法请参照 p.87

衣领（双罗纹针）8号针

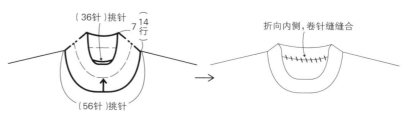

折向内侧，卷针缝缝合

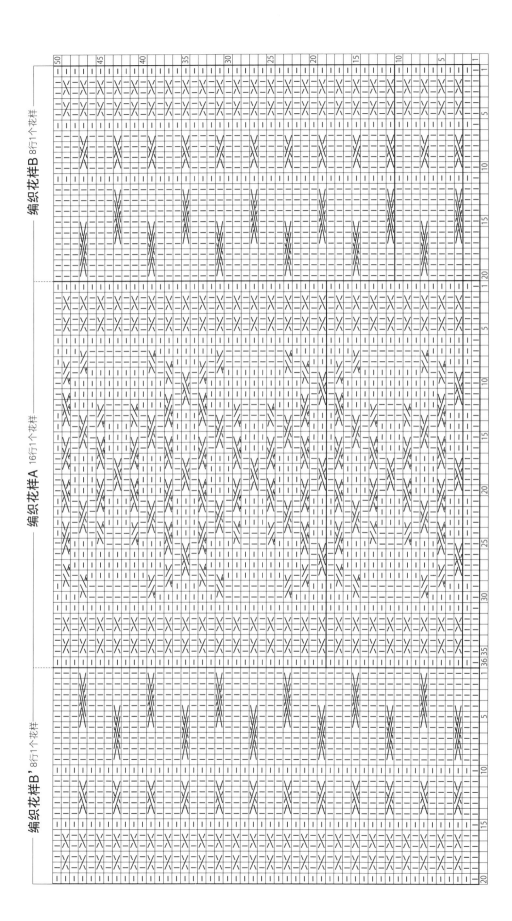

编织花样B 8行1个花样

编织花样A 16行1个花样

编织花样B' 8行1个花样

50

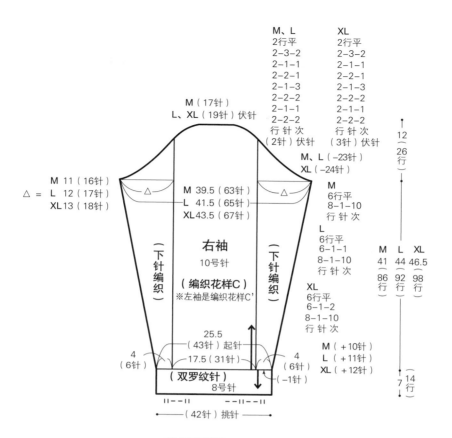

M、L
2行平
2-3-2
2-1-1
2-2-1
2-1-3
2-2-2
2-1-1
2-2-2
行 针 次
（2针）伏针

XL
2行平
2-3-2
2-1-1
2-2-1
2-1-3
2-2-2
2-1-1
2-2-2
行 针 次
（3针）伏针

M（17针）
L、XL（19针）伏针

M 11（16针）
△ = L 12（17针）
XL 13（18针）

M 39.5（63针）
L 41.5（65针）
XL 43.5（67针）

M、L（−23针）
XL（−24针）

M
6行平
8-1-10
行 针 次

L
6行平
6-1-1
8-1-10
行 针 次

XL
6行平
6-1-2
8-1-10
行 针 次

（下针编织）

右袖
10号针

（编织花样C）
※左袖是编织花样C'

（下针编织）

12
（26行）

M 41
（86行）
L 44
（92行）
XL 46.5
（98行）

25.5
（43针）起针
17.5（31针）

4
（6针）

4
（6针）

（−1针）

M（+10针）
L（+11针）
XL（+12针）

7
14行

（双罗纹针）
8号针

‖ ‖ − ‖   − ‖ ‖ − ‖

（42针）挑针

编织花样C（右袖）

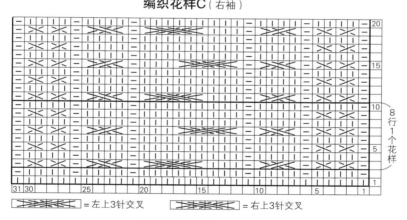

20

15

10

5

1

8行1个花样

31 30   25   20   15   10   5   1

▭▭◣◥▭▭ = 左上3针交叉   ▭▭◣◥▭▭ = 右上3针交叉

编织花样C'（左袖）

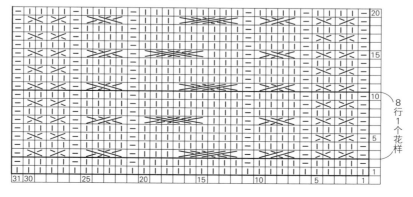

20

15

10

5

1

8行1个花样

31 30   25   20   15   10   5   1

51

No. 6

V领麻花
花样背心

作品 » p.9

准备

［ 线 ］和麻纳卡 Aran Tweed 灰色（3）
340g/9 团（M 号）
L、XL 号…L、XL 号各 10 团

［ 针 ］棒针 10 号、8 号

编织密度

10cm×10cm 面积内：下针编织 16.5 针、23
行；编织花样 1 个花样 56 针 27cm、10cm23
行

成品尺寸

	胸围	肩宽	衣长
M	104cm	42cm	62cm
L	110cm	43cm	64.5cm
XL	114cm	45cm	67cm

编织要点

● 身片另线锁针起针从下摆交界处开始编织。
袖窿、领窝减针时，2 针及以上时做伏针减
针，1 针时立起侧边 1 针减针。前领窝中央
的 2 针休针，左右分开编织。最终行减针，
肩部休针。下摆编织单罗纹针，编织终点做
单罗纹针收针。

● 肩部盖针接合。衣领、袖窿挑针编织单罗纹
针，前中央一边减针一边编织。编织终点做
单罗纹针收针。胁部使用毛线缝针挑针缝合。

※没有标记尺码的地方通用

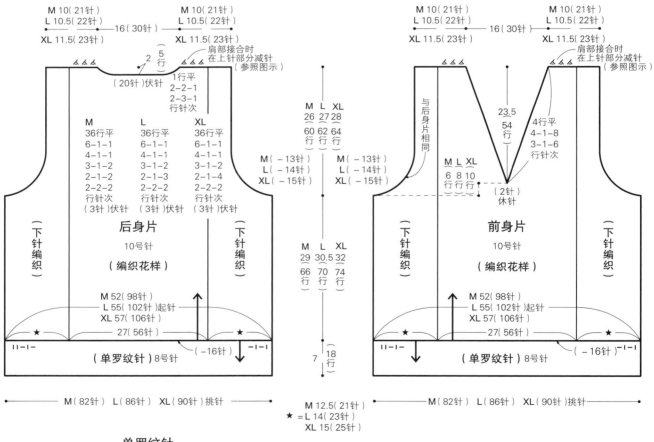

单罗纹针

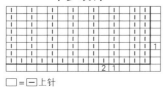

□=⊡上针

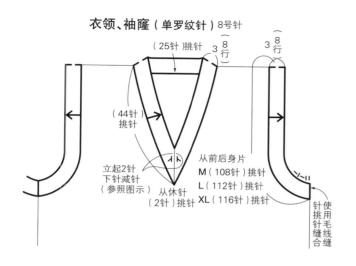

衣领、袖窿（单罗纹针）8号针

（25针）挑针　3 (8/行)　(8/行) 3

（44针）挑针

立起2针
下针减针
（参照图示）

从前后身片
M（108针）挑针
L（112针）挑针
XL（116针）挑针

从休针
（2针）挑针

针使
挑用
针毛
缝线
合缝

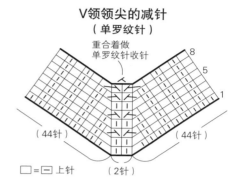

V领领尖的减针
（单罗纹针）

重合着做
单罗纹针收针

8
5
1

（44针）　（44针）

（2针）

□ = □ 上针

编织花样

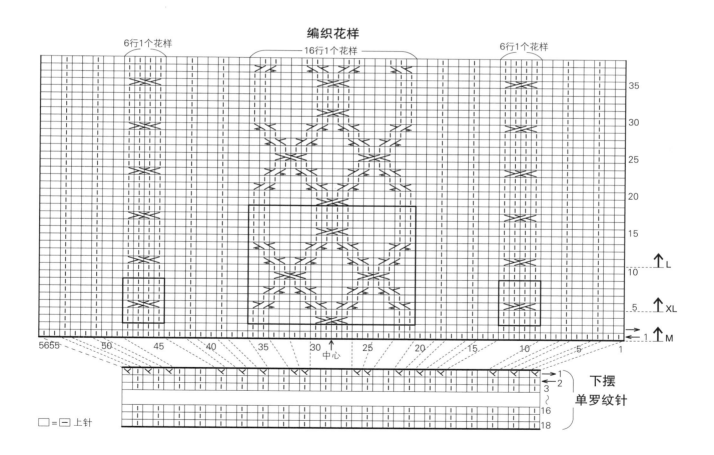

6行1个花样　　16行1个花样　　6行1个花样

35
30
25
20
15
10　↑L
5　↑XL
1　↑M

5655　50　45　40　35　30　25　20　15　10　5　1
中心

下摆
单罗纹针

1
2
3
16
18

□ = □ 上针

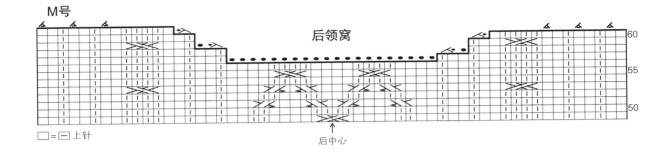

M号

后领窝

□=□上针

后中心

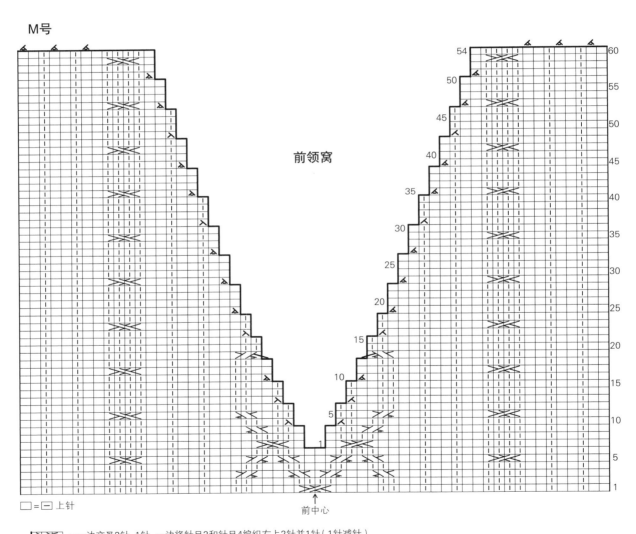

M号

前领窝

前中心

□=□上针

= 一边交叉2针、1针，一边将针目2和针目4编织右上2针并1针（1针减针）

4 3 2 1

= 一边交叉2针、1针，一边将针目1和针目3编织左上2针并1针（1针减针）

4 3 2 1

No. 7

插肩袖 阿兰花样毛衣

作品 》 p.10

准备

[线] 和麻纳卡 Aran Tweed 灰色（3）
535g/14 团（M 号）
L、XL 号…L 号 14 团，XL 号 16 团

[针] 棒针 10 号、7 号

编织密度

10cm×10cm 面积内：桂花针 15 针，编织花样
A 6 针 2.5cm，编织花样 B 15.5 针，编织花样
C 21 针，行数均为 21 行

成品尺寸

	胸围	衣长	连肩袖长
M	106cm	63.5cm	76.5cm
L	110cm	66.5cm	79cm
XL	114cm	69.5cm	81.5cm

编织要点

● 前后身片、袖均手指起针，先编织单罗纹针，
然后做编织花样。

● 减针时，2 针及以上时做伏针减针，插肩线
立起侧边 3 针减针，其他的 1 针减针则立起
侧边 1 针减针。袖下加针时，在 1 针内侧编
织扭针加针。

● 腋下做下针的无缝缝合，插肩线、胁部、袖
下使用毛线缝针挑针缝合。

● 衣领从身片、袖挑针，编织单罗纹针，编织
终点做单罗纹针收针。

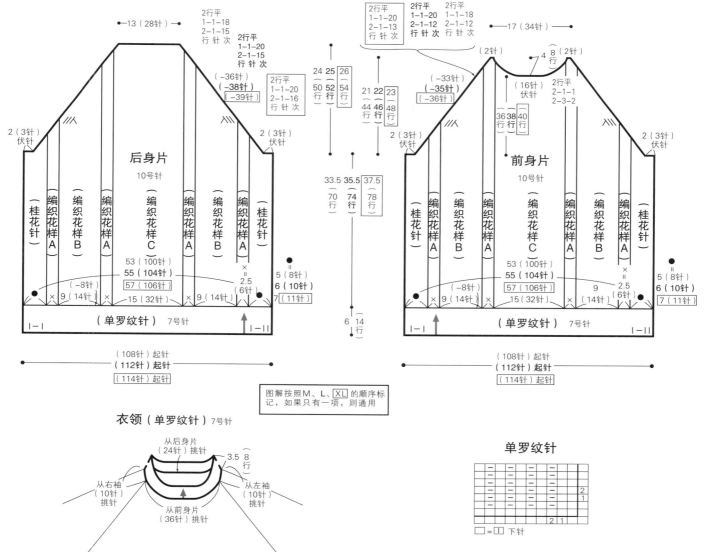

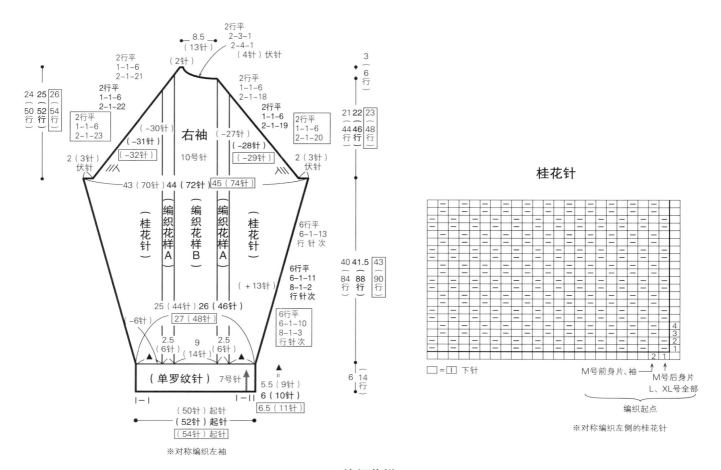

桂花针

□=□ 下针

M号前身片、袖→ ←M号后身片
L、XL号全部

编织起点

※对称编织左侧的桂花针

编织花样

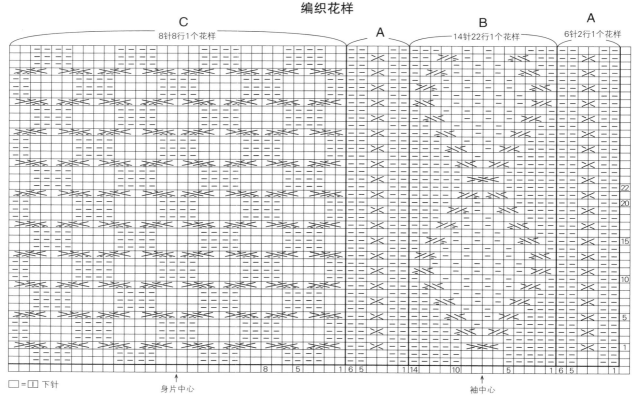

□=□ 下针

身片中心

袖中心

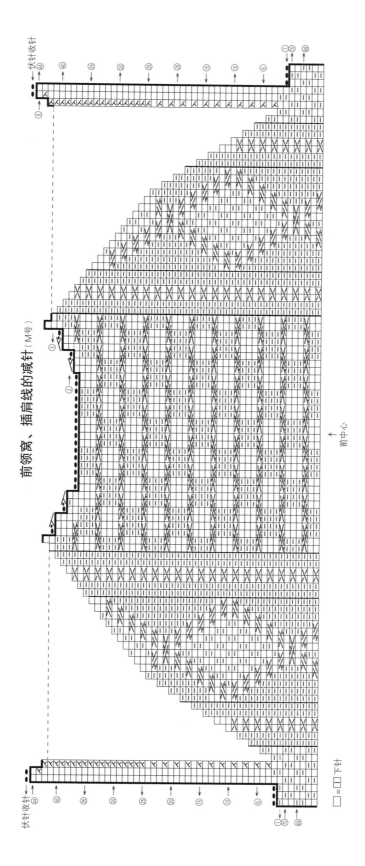

前领窝、插肩线的减针（M号）

伏针收针

前中心

→右袖插肩线的减针见 p.60

□ = □ 下针

No. 8

V领毛衣
作品 » p.11

准备

[线] 和麻纳卡 Men's Club MASTER 藏青色（23）740g/15 团（M 号）
L、XL 号…L 号 16 团，XL 号 17 团

[针] 棒针 10 号

编织密度

10cm×10cm 面积内：编织花样 A 16.5 针、22 行；编织花样 B 20.5 针、22 行

成品尺寸

	胸围	肩宽	衣长	袖长
M	108cm	44cm	64cm	59cm
L	110cm	45cm	66cm	61cm
XL	114cm	47cm	68cm	63cm

编织要点

● 前后身片、袖均手指起针，先编织单罗纹针，然后做编织花样 A、B。

● 袖窿、领窝减针时，2 针及以上时做伏针减针，1 针时立起侧边 1 针减针。袖下加针时，在 1 针内侧编织扭针加针。

● 肩部盖针接合，胁部、袖下使用毛线缝针挑针缝合。

● 从领窝挑针，参照图示一边在 V 领领尖减针，一边编织单罗纹针，编织终点做伏针收针。

● 袖钩织引拔针接合于身片。

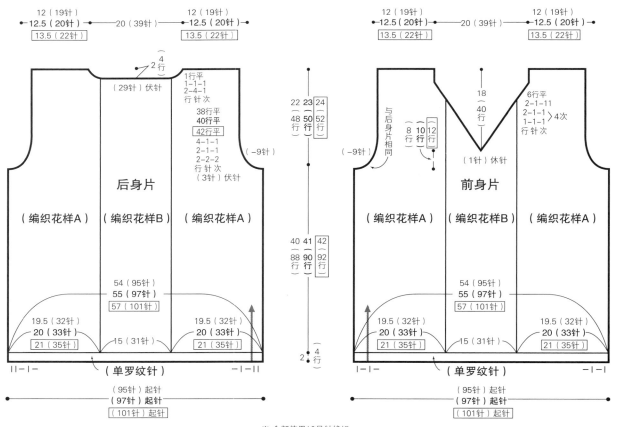

※ 全部使用10号针编织

图解按照M、L、XL 的顺序标记，如果只有一项，则通用

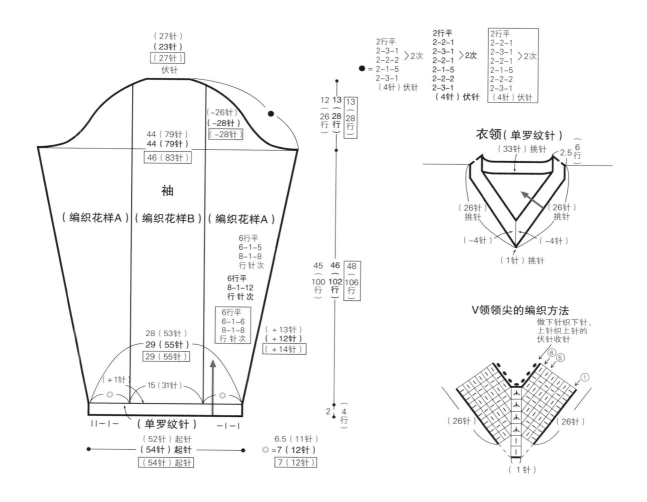

（27针）
（23针）
（27针）
伏针

（-26针）
（-28针）
（-28针）

44（79针）
44（79针）
46（83针）

袖

（编织花样A）（编织花样B）（编织花样A）

6行平
6-1-5
8-1-8
行针次

6行平
8-1-12
行针次

6行平
6-1-6
8-1-8
行针次

28（53针）
29（55针）
29（55针）

（+13针）
（+12针）
（+14针）

（+1针）　15（31针）

‖—‖—‖　（单罗纹针）　—‖—‖

（52针）起针
（54针）起针
（54针）起针

6.5（11针）
◎=7（12针）
7（12针）

2行平
2-3-1
2-2-2
2-3-1
= 2-1-5
2-3-1 （4针）伏针

2行平
2-2-1
2-3-1
2-2-1
2-1-5
2-3-1 （4针）伏针
} 2次

2行平
2-2-1
2-3-1
2-2-1
2-1-5
2-2-2
2-3-1 （4针）伏针
} 2次

●=

12　13　13
26　28　28
行　行　行

45　46　48
100　102　106
行　行　行

2　4
行

衣领（单罗纹针）

（33针）挑针　2.5（6行）

（26针）挑针　（26针）挑针

（-4针）　（-4针）

（1针）挑针

V领领尖的编织方法

做下针织下针、
上针织上针的
伏针收针

⑥⑤

①

（26针）　（26针）

（1针）

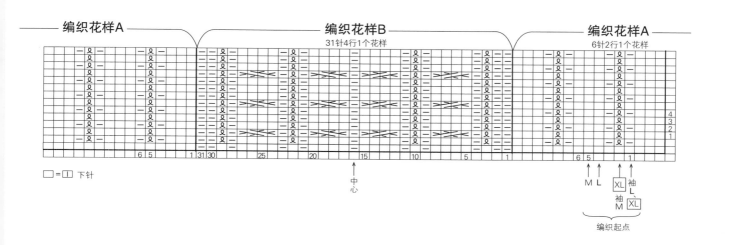

—编织花样A—

编织花样B
31针4行1个花样

编织花样A
6针2行1个花样

4
3
2
1

6　5　　　1 31 30　　25　　20　　15　　10　　5　　　1　　6 5　　1

中
心

M L　XL 袖
　　　　L
　　　袖 XL
　　　M

编织起点

□=口 下针

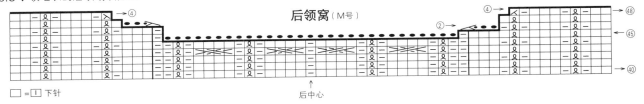

→ No.8 V 领毛衣的后续编织方法

后领窝（M号）

□ = 1 下针

后中心

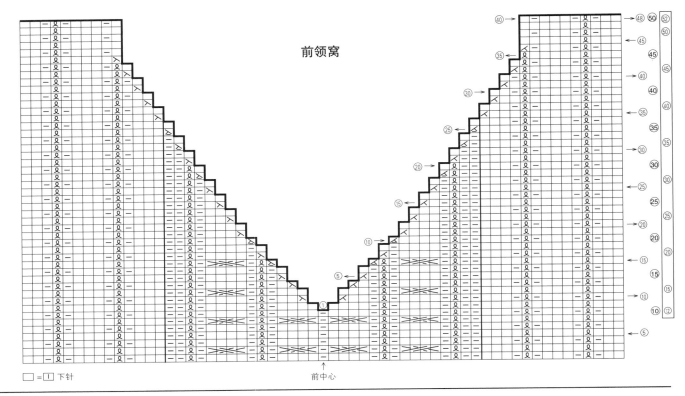

前领窝

□ = 1 下针

前中心

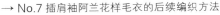

→ No.7 插肩袖阿兰花样毛衣的后续编织方法

右袖插肩线的减针（M号）

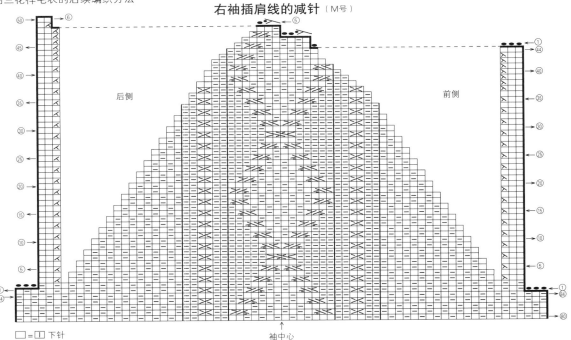

后侧

前侧

□ = 1 下针

袖中心

No. 32

罗纹花样围巾

作品 » p.33

准备

[线] 和麻纳卡 Amerry L（极粗）炭灰色
（111）200g/5 团
[针] 棒针 13 号

编织密度

10cm×10cm 面积内：双罗纹针 20 针、15.5 行

成品尺寸

宽 17cm，长 145cm

编织要点

● 手指起针，编织 224 行双罗纹针。
● 编织终点做下针织下针、上针织上针的伏针收针。

伏针

围巾
（双罗纹针）

145
（224 行）

17
（34针）

←（34针）起针→

围巾

做下针织下针、
上针织上针的
伏针收针

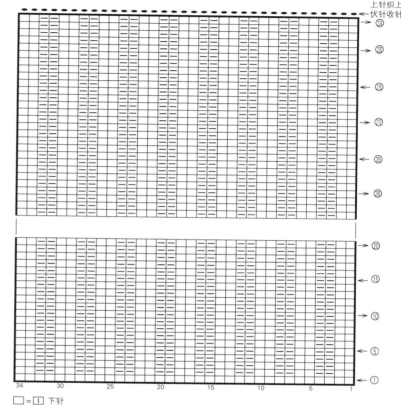

□ = □ 下针

右上扭针 1 针交叉（下侧是上针时）

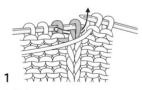

1 如箭头所示，从右边针目的后侧将右棒针插入左边的针目。

2 将针目拉至右边针目的右侧，编织上针。

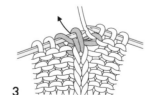

3 编织过的左边针目保持不动，如箭头所示，将右棒针插入右边针目，编织下针。

4 将 2 针移下左棒针，完成。

左上扭针 1 针交叉（下侧是上针时）

1 如箭头所示，从右边针目的前侧将右棒针插入左边的针目。

2 将针目拉至右边针目的右侧，编织下针。

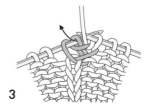

3 编织过的左边针目保持不动，右边针目编织上针。

4 将 2 针移下右棒针，完成。

No. **10**

阿兰花样夹克

作品 » p.13

准备

[线] 和麻纳卡 Aran Tweed 原白色（1）
670g/17 团（M 号）
L、XL 号…L 号 19 团，XL 号 20 团
[针] 棒针 7 号、8 号
[其他] 直径 2.5cm 的木纽扣 7 颗

编织密度

10cm×10cm 面积内：下针编织 17 针、24 行；
编织花样 A、B 均为 24 针、24 行

成品尺寸

	胸围	衣长	连肩袖长
M	108cm	66cm	82cm
L	112cm	69cm	84cm
XL	118cm	72cm	87cm

编织要点

● 身片手指起针从下摆开始编织。插肩线立起侧边 2 针减针，前领窝 2 针及以上时做伏针减针，1 针时立起侧边 1 针减针。前身片、前门襟连续编织。左前门襟开扣眼。

● 袖的起针方法和身片相同。袖下在 1 针内侧编织扭针加针。

● 胁部、插肩线、袖下使用毛线缝针挑针缝合，腋下做下针的无缝缝合。衣领从身片、袖挑针编织单罗纹针，编织终点从反面区分编织上针、下针的伏针收针。右前门襟缝上纽扣。

※没有标记尺码的地方通用

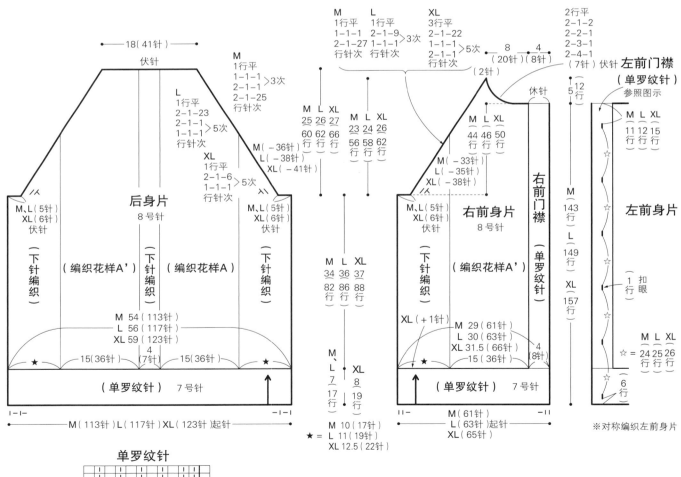

单罗纹针

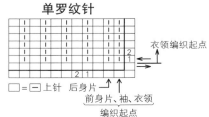

□ = ⊡ 上针 后身片↑

前身片、袖、衣领
编织起点

衣领编织起点

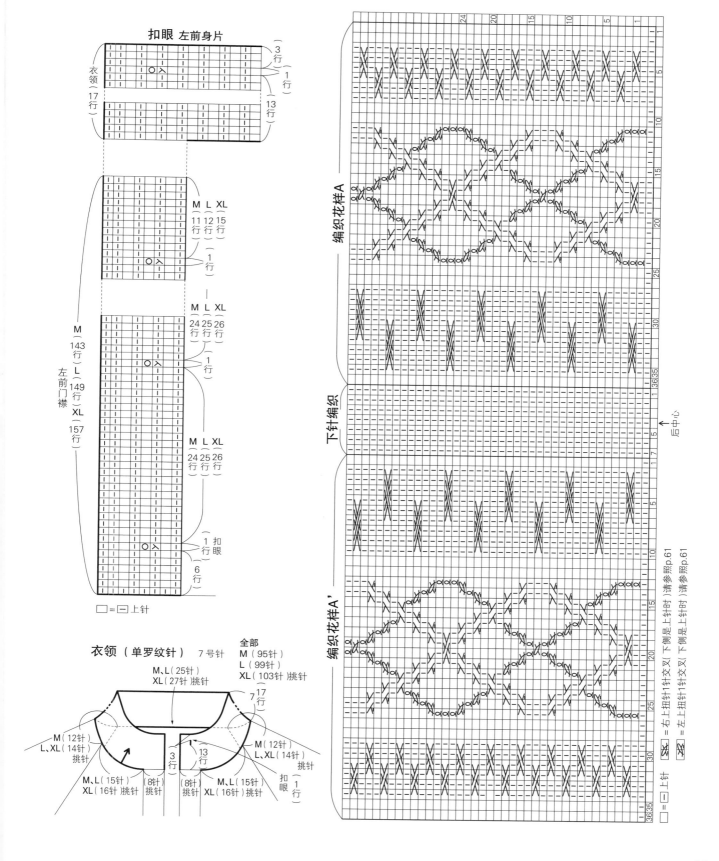

扣眼 左前身片

衣领（17行）

（3行）
（1行）
（13行）

□ = ⊡ 上针

M（143行）L（149行）XL（157行）
左前门襟

M L XL
11 12 15
行 行 行
（1行）

M L XL
24 25 26
行 行 行
（1行）

M L XL
24 25 26
行 行 行
（1行）

（1行）扣眼
（6行）

衣领（单罗纹针）　7号针

全部
M（95针）
L（99针）
XL（103针）挑针

M、L（25针）
XL（27针）挑针

7号 17行

M（12针）
L、XL（14针）挑针

3行

13行
（1行）

扣眼
（1行）

M（12针）
L、XL（14针）挑针

M、L（15针）
XL（16针）挑针

（8针）
挑针

（8针）
挑针

M、L（15针）
XL（16针）挑针

编织花样A

下针编织

编织花样A'

后中心

24
20
15
10
5
1

5
110
15
20
25
30
1 3635

5
110
15
20
25
30
3635

□ = ⊡ 上针

⟋⟍ = 右上扭针1针交叉（下侧是上针时）清参照p.61

⟋⟍ = 左上扭针1针交叉（下侧是上针时）清参照p.61

63

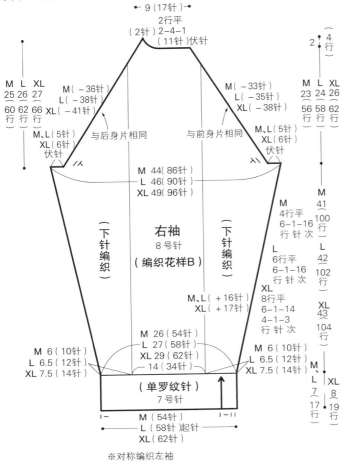

9（17针）
2行平
（2针）2-4-1
（11针）伏针

M L XL
25 26 27
（60 62 66
行 行 行）

M（−36针）
L（−38针）
XL（−41针）

M、L（5针）
XL（6针）
伏针

与后身片相同

2 （4
行）

M（−33针）
L（−35针）
XL（−38针）

M L XL
23 24 26
（56 58 62
行 行 行）

M、L（5针）
XL（6针）
伏针

与前身片相同

M 44（86针）
L 46（90针）
XL 49（96针）

M
4行平
6-1-16
行 针 次

L
6行平
6-1-16
行 针 次

M、L（+16针）
XL（+17针）
6-1-14
4-1-3
行 针 次

右袖
8号针
（编织花样B）

（下针编织）

（下针编织）

M
41
（100
行）

L
42
（102
行）

XL
43
（104
行）

M 26（54针）
L 27（58针）
XL 29（62针）
14（34针）

M 6（10针）
L 6.5（12针）
XL 7.5（14针）

M 6（10针）
L 6.5（12针）
XL 7.5（14针）

（单罗纹针）
7号针

M
L
XL
7
17
行

XL
8
19
行

M（54针）
L（58针）起针
XL（62针）

※对称编织左袖

编织花样B

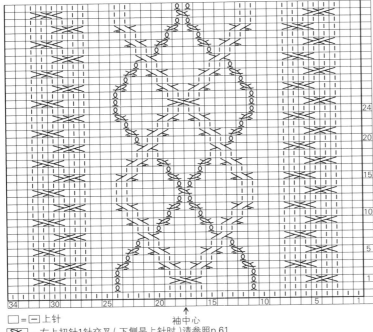

□ =（−）=上针
⧖ = 右上扭针1针交叉（下侧是上针时）请参照p.61
⧖ = 左上扭针1针交叉（下侧是上针时）请参照p.61

34 30 25 20 15 10 5 1
24 20 15 10 5 1
袖中心

No. 9

阿兰花样围巾

作品 » p.12

准备

［线］和麻纳卡 Aran Tweed 原白色
（1）260g/7团
［针］棒针8号、6号

编织密度

编织花样A 1个花样约10针5.5cm、3.5cm8行；
编织花样B 1个花样约22针8cm、12.5cm28行

成品尺寸

宽23cm，长179cm

编织要点

● 手指起针开始编织。编织桂花针、双罗纹针和编织花样，不加减针。编织终点区分编织上针、下针的伏针收针。

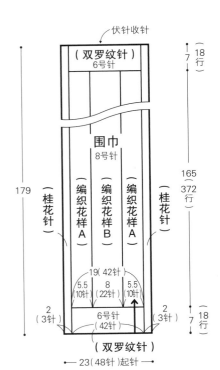

伏针收针

（双罗纹针）
6号针

7 （18
行）

围巾
8号针

179

165
372
行

（桂花针）（编织花样A）（编织花样B）（编织花样A）（桂花针）

19（42针）

5.5
（10针）

8
（22针）

5.5
（10针）

2
（3针）

6号针
（42针）

2
（3针）

7 （18
行）

（双罗纹针）

← 23（48针）起针 →

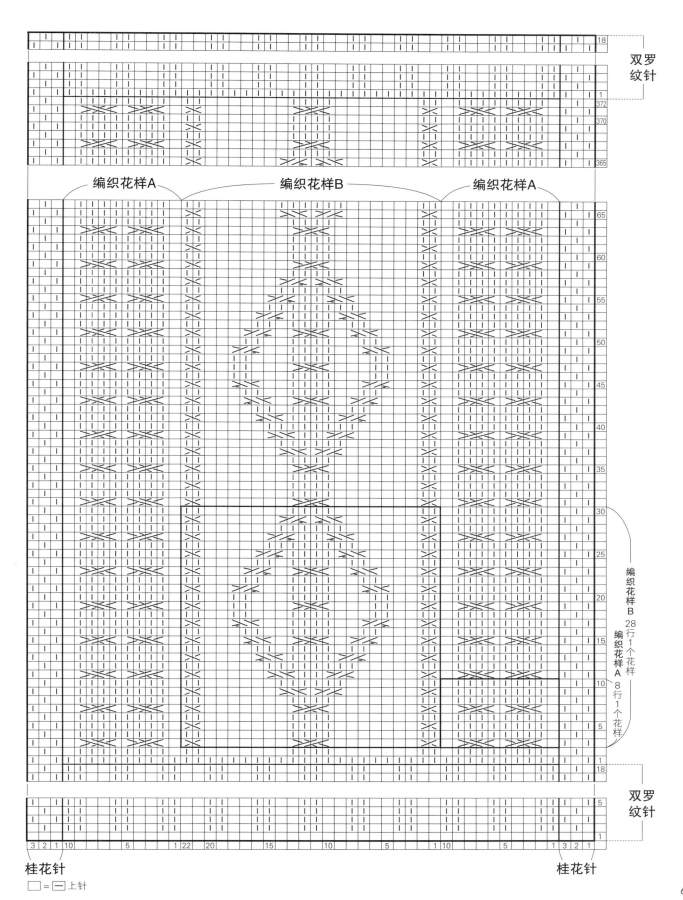

双罗
纹针

编织花样A 编织花样B 编织花样A

编织花样B
28行1个花样
编织花样A
8行1个花样

双罗
纹针

桂花针 桂花针

□ = ─ 上针

No. 11

根西毛衣

作品 》p.14

准备

［ 线 ］ 和 麻 纳 卡 Men's Club MASTER
蓝色（66）610g/13 团（M 号）
L、XL号…L号 14 团，XL号 15 团

［ 针 ］ 棒针 12 号、11 号、10 号

编织密度

10cm×10cm 面积内：下针编织 14 针、21 行；
编织花样 A 20 针、21 行；编织花样 B、C 均
为 13 针、21 行

编织要点

●身片手指起针，编织双罗纹针。袖窿、领
窝减针时，2 针及以上时做伏针减针，1
针时立起侧边 1 针减针。

●袖的起针方法和身片相同。袖下在 1 针内
侧编织扭针加针。

●肩部盖针接合，胁部、袖下使用毛线缝针
挑针缝合。衣领编织双罗纹针，编织终点
做下针织下针、上针织上针的伏针收针。
袖钩织引拔针接合于身片。

成品尺寸

	胸围	肩宽	衣长	袖长
M	108cm	44cm	65.5cm	57.5cm
L	114cm	46cm	69.5cm	60cm
XL	120cm	49cm	74.5cm	63cm

※没有标记尺码的地方通用

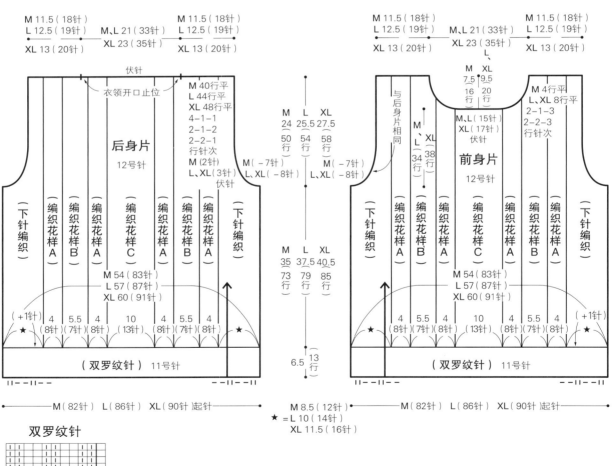

双罗纹针

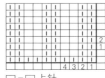

□ = ⊡ 上针

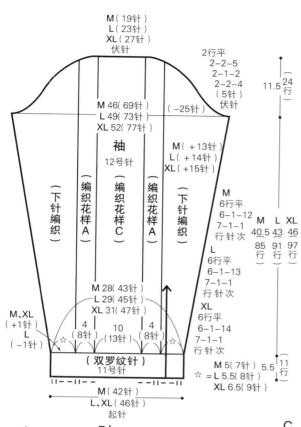

M（19针）
L（23针）
XL（27针）
伏针

2行平
2-2-5
2-1-2
2-2-4
（5针）
伏针

11.5 (24行)

M 46（69针）
L 49（73针）
XL 52（77针）

（-25针）

袖
12号针

M（+13针）
L（+14针）
XL（+15针）

（下针编织）
（编织花样A）
（编织花样C）
（编织花样A）
（下针编织）

M
6行平
6-1-12
7-1-1
行针次

L
6行平
6-1-13
7-1-1
行针次

XL
6行平
6-1-14
7-1-1
行针次

M   L   XL
40.5 43 46
85   91 97
行   行   行

M 28（43针）
L 29（45针）
XL 31（47针）

M、XL
（+1针）
L
（-1针）

4
（8针）
10
（13针）
4
（8针）

☆

☆

（双罗纹针）
11号针

M 5（7针）
☆＝L 5.5（8针）
XL 6.5（9针）

5.5 (11行)

M（42针）
L、XL（46针）
起针

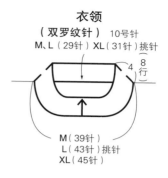

衣领
（双罗纹针） 10号针
M、L（29针）XL（31针）挑针

4 (8行)

M（39针）
L（43针）挑针
XL（45针）

编织花样

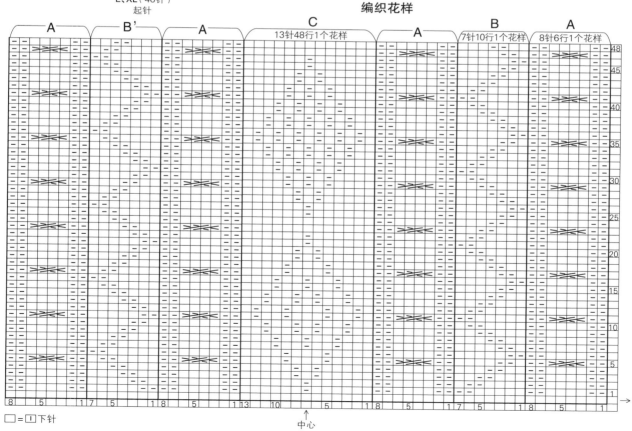

A   B'   A   C   A   B   A
13针48行1个花样
7针10行1个花样
8针6行1个花样

中心

□=Ⅰ下针

No. 12

麻花花样夹克

作品 » p.15

准备

[线] 和麻纳卡 Aran Tweed 炭灰色（9）
655g/17 团（M 号）
L、XL 号…L 号 18 团，XL 号 19 团

[针] 棒针 7 号、10 号

[其他] 直径 18mm 的黑色纽扣 10 颗

编织密度

10cm×10cm 面积内：下针编织 15 针、23 行；
编织花样 A、B、C 均为 19 针、25 行

成品尺寸

	胸围	衣长	袖长
M	106.5cm	65cm	78cm
L	110.5cm	67cm	80.5cm
XL	114.5cm	68.5cm	82.5cm

编织要点

● 身片、袖另线锁针起针。插肩线立起侧边 3 针减针。前身片的袋口编入另线。领窝减针时，2 针及以上时做伏针减针，1 针时立起侧边 1 针减针。袖下加针时，在 2 针内侧编织扭针加针。解开另线挑针，编织内袋和袋口。下摆、袖口解开锁针起针挑针，编织单罗纹针，编织终点做单罗纹针收针。前门襟手指起针，编织单罗纹针。

● 插肩线、胁部、前门襟、袖下使用毛线缝针挑针缝合。腋下钩织引拔针接合。衣领从前门襟、领窝、袖挑针，编织单罗纹针。折向反面折成双层，卷针缝缝合。前门襟缝上纽扣。

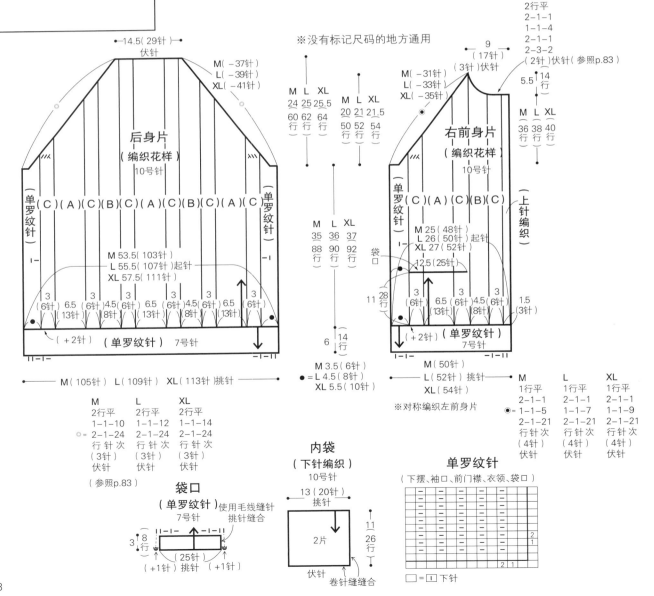

68

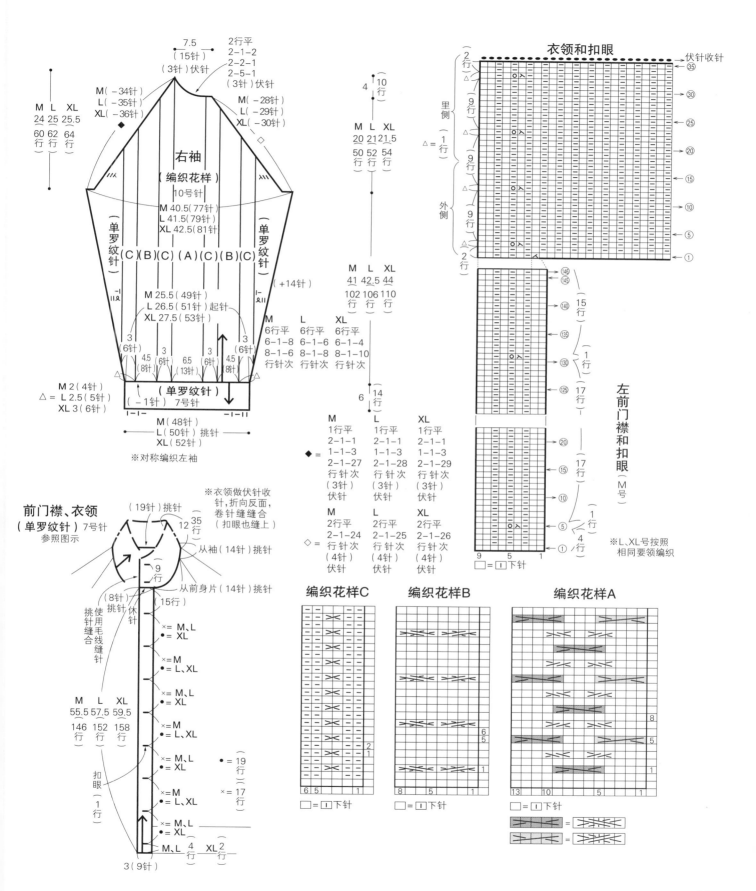

右袖（M号）
※L、XL号按照相同要领编织

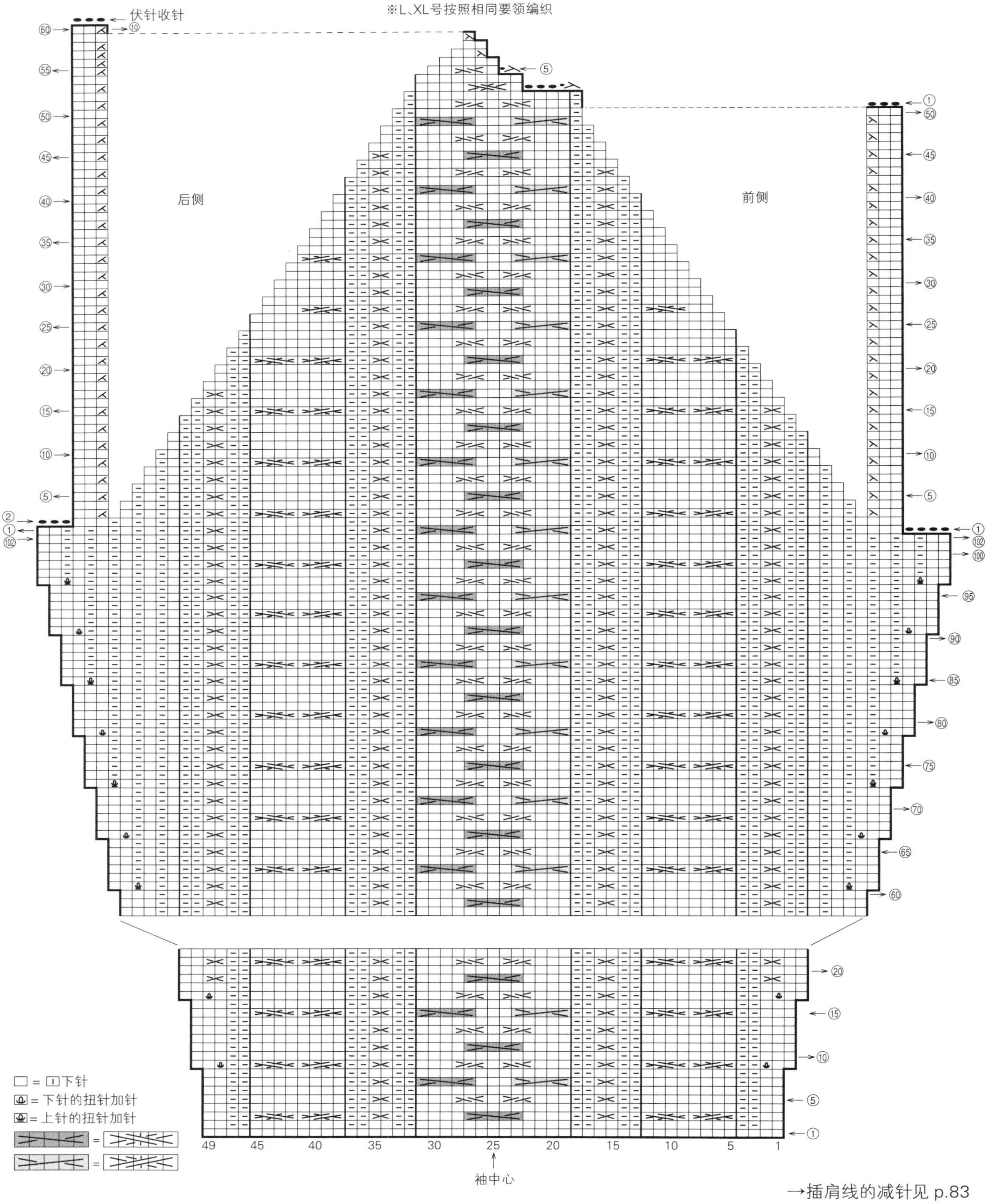

伏针收针

后侧

前侧

袖中心

□ = ① 下针
① = 下针的扭针加针
① = 上针的扭针加针

→插肩线的减针见 p.83

70

No. 16

罗纹花样帽子

作品 ≫ p.19

准备

[线] 和麻纳卡 Men's Club MASTER 蓝色
（69）70g/2 团
[针] 棒针 10 号

编织密度

10cm×10cm 面积内：变形的罗纹针 16 针、22.5 行

成品尺寸

帽围 44cm，帽深 29cm

编织要点

●另线锁针起针环形编织，不加减针编织 18
行双罗纹针，然后编织 34 行变形的罗纹针。
●一边分散减针，一边编织 16 行变形的罗纹
针。最终行每隔 1 针穿线 2 圈并收紧。
●解开编织起点的锁针挑针，松松地做下针
织下针、上针织上针的伏针收针。

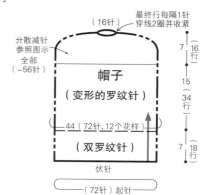

帽子

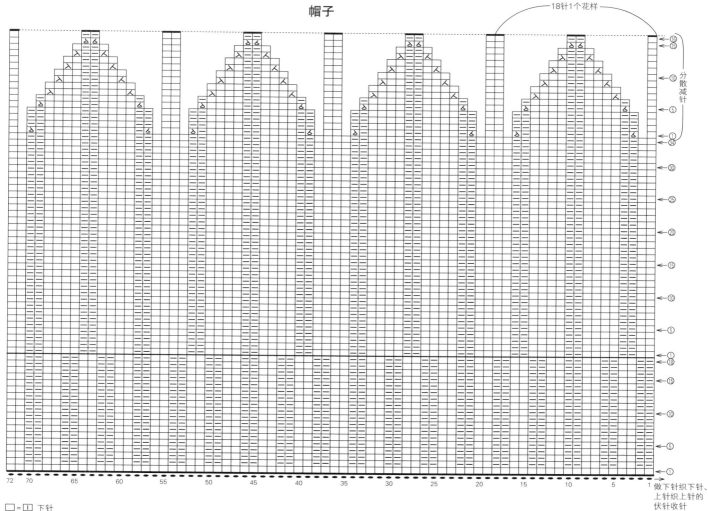

□ = □ 下针

No. 13

菱形花样
阿兰毛衣

作品 » p.16

准备

[线] 和麻纳卡 Men's Club MASTER
M号/蓝色（69）670g/14团，L号/
米色（18）690g/14团，XL号/烟
青色（75）750g/15团

[针] 棒针10号、8号

编织密度

10cm×10cm面积内：下针编织15针、21
行；编织花样A、B均为20针、21行

成品尺寸

	胸围	肩宽	衣长	袖长
M	110cm	45cm	67.5cm	58cm
L	116cm	47cm	70.5cm	59cm
XL	122cm	47cm	71.5cm	60cm

编织要点

● 前后身片、袖另线锁针起针，按照图示搭配做下针编织和编织花样A、B。
● 减针时，2针及以上时做伏针减针，1针时立起侧边1针减针。
● 前领窝中心的18针休针。
● 袖下加针时，在1针内侧编织扭针加针。
● 下摆、袖口解开另线锁针挑针，第1行一边减针一边编织单罗纹针。编织终点做单罗纹针收针。
● 肩部盖针接合，胁部、袖下使用毛线缝针挑针缝合。
● 衣领挑取指定数量的针目，编织单罗纹针。编织终点和下摆相同。
● 袖钩织引拔针接合于身片。

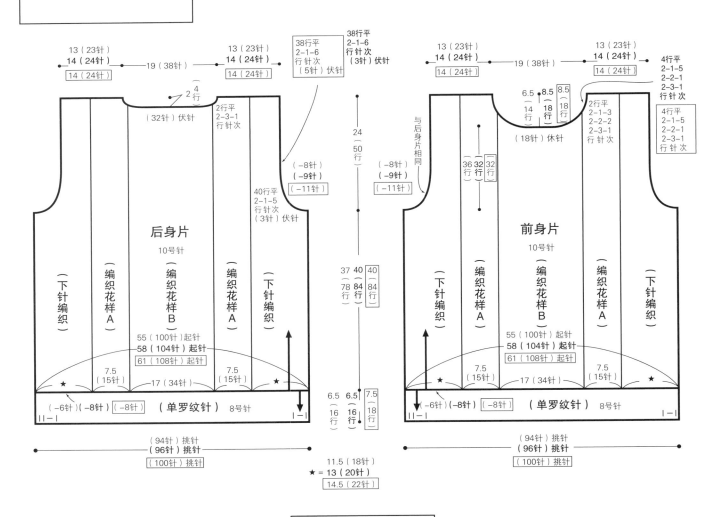

图解按照M、L、XL的顺序标记，如果只有一项，则通用

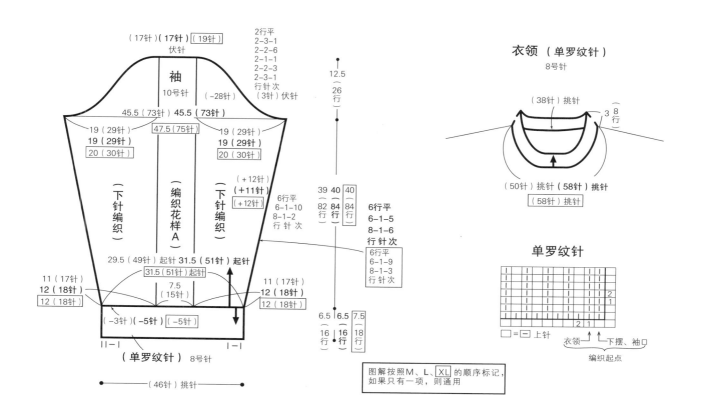

衣领 （单罗纹针）
8号针

（38针）挑针

3 8行

（50针）挑针 （58针）挑针

（58针）挑针

单罗纹针

□ = □ 上针

衣领 → 下摆、袖口
编织起点

图解按照M、L、XL 的顺序标记，如果只有一项，则通用

（17针）（17针）（19针）
伏针

袖
10号针

（-28针）

45.5（73针） 45.5（73针）

19（29针） 47.5（75针） 19（29针）
19（29针） 19（29针）
20（30针） 20（30针）

2行平
2-3-1
2-2-6
2-1-1
2-2-3
2-3-1
行针次
（3针）伏针

12.5
26
行

（下针编织） （编织花样A） （下针编织）

（+12针）
（+11针）
（+12针）

6行平
6-1-10
8-1-2
行针次

39 40 40
82 84 84
行

6行平
6-1-5
8-1-6
行针次

6行平
6-1-9
8-1-3
行针次

29.5（49针）起针 31.5（51针）起针
31.5（51针）起针

11（17针） 12（18针） 12（18针）
7.5（15针）
11（17针） 12（18针） 12（18针）

（-3针）（-5针）（-5针）

6.5 6.5 7.5
16 16 18
行 行 行

II—I （单罗纹针） I—I
8号针

（46针）挑针

编织花样

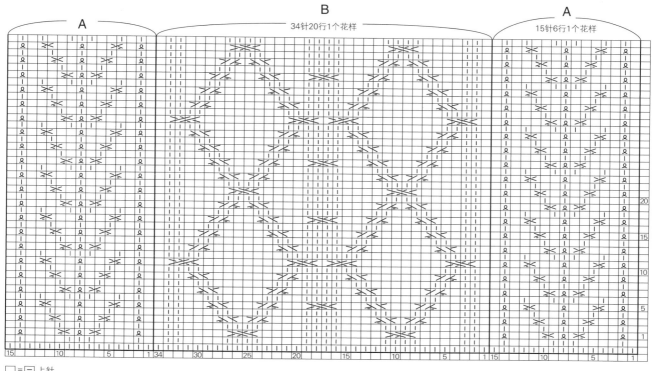

A

B
34针20行1个花样

A
15针6行1个花样

20
15
10
5

15 10 5 1 34 30 25 20 15 10 5 1 15 10 5 1

□ = □ 上针

73

No. **14**

插肩袖毛衣

作品 ≫ p.17

准备

［ 线 ］ 和麻纳卡 Men's Club MASTER
驼色（74）655g/14团（M号）
L、XL号…L号14团, XL号16团

［ 针 ］ 棒针10号、8号

编织密度

10cm×10cm面积内：编织花样17.5针、24行

成品尺寸

	胸围	衣长	连肩袖长
M	106cm	63cm	80.5cm
L	110cm	64.5cm	84cm
XL	116cm	66cm	87cm

编织要点

- 前后身片、袖手指起针，编织单罗纹针。然后做编织花样。
- 插肩线减针时，立起侧边4针减针，2针及以上时做上针的伏针减针，领窝减1针时立起侧边1针减针。
- 袖下加针时，在1针内侧编织扭针加针。
- 插肩线、胁部、袖下使用毛线缝针挑针缝合。腋下针目使用毛线缝针做下针的无缝缝合。
- 衣领从身片、袖挑针，编织单罗纹针。编织终点做单罗纹针收针。

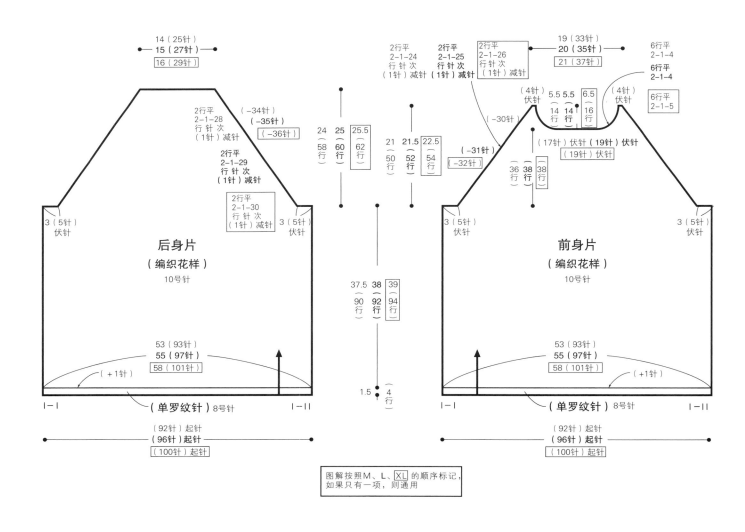

图解按照M、L、XL 的顺序标记，如果只有一项，则通用

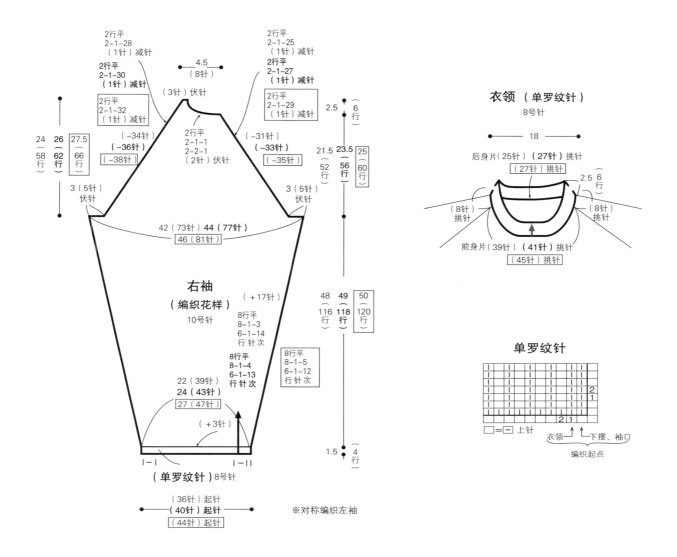

衣领 （单罗纹针）
8号针

右袖
（编织花样）
10号针

2行平
2-1-28
（1针）减针

2行平
2-1-30
（1针）减针

2行平
2-1-32 减针
（1针）

4.5
（8针）

（3针）伏针

2行平
2-1-25
（1针）减针

2行平
2-1-27
（1针）减针

2行平
2-1-29
（1针）减针

2.5
（6行）

24
（58行）

26
（62行）

27.5
（66行）

（-34针）
（-36针）
（-38针）

2行平
2-1-1
2-2-1 伏针
（2针）

（-31针）
（-33针）
（-35针）

21.5
（52行）

23.5
（56行）

25
（60行）

3（5针）
伏针

3（5针）
伏针

42（73针）44（77针）
46（81针）

（+17针）

8行平
8-1-3
6-1-14
行针次

8行平
8-1-4
6-1-13
行针次

8行平
8-1-5
6-1-12
行针次

48
（116行）

49
118
行

50
（120行）

后身片（25针）（27针）挑针
（27针）挑针

2.5
（6行）

（8针）
挑针

（8针）
挑针

前身片（39针）（41针）挑针
（45针）挑针

单罗纹针

□=□ 上针
衣领　下摆、袖口
编织起点

22（39针）
24（43针）
27（47针）

（+3针）

I—I

I—II

（单罗纹针）8号针

1.5
（4行）

（36针）起针
（40针）起针
（44针）起针

※对称编织左袖

编织花样

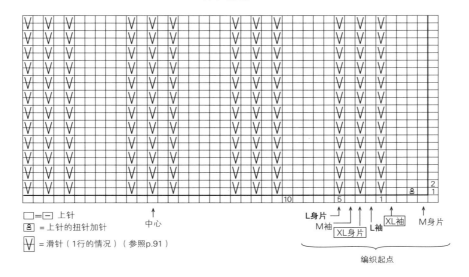

□=□ 上针
⸮ =上针的扭针加针
Ⅴ =滑针（1行的情况）（参照p.91）

中心

10
5
1

L身片
M袖
XL身片
XL袖
L袖
XL袖
M身片

编织起点

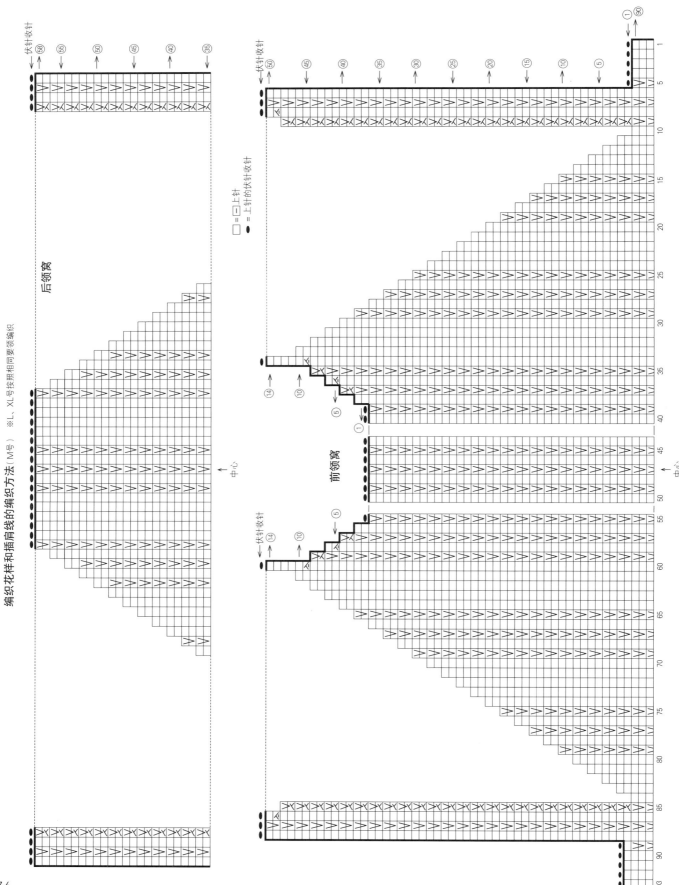

编织花样和插肩线的编织方法（M号） ※L、XL号按照相同要领编织

后领窝

前领窝

□ = □上针
● = 上针的伏针收针

右袖插肩线的减针（M号）

※L、XL号按照相同要领编织

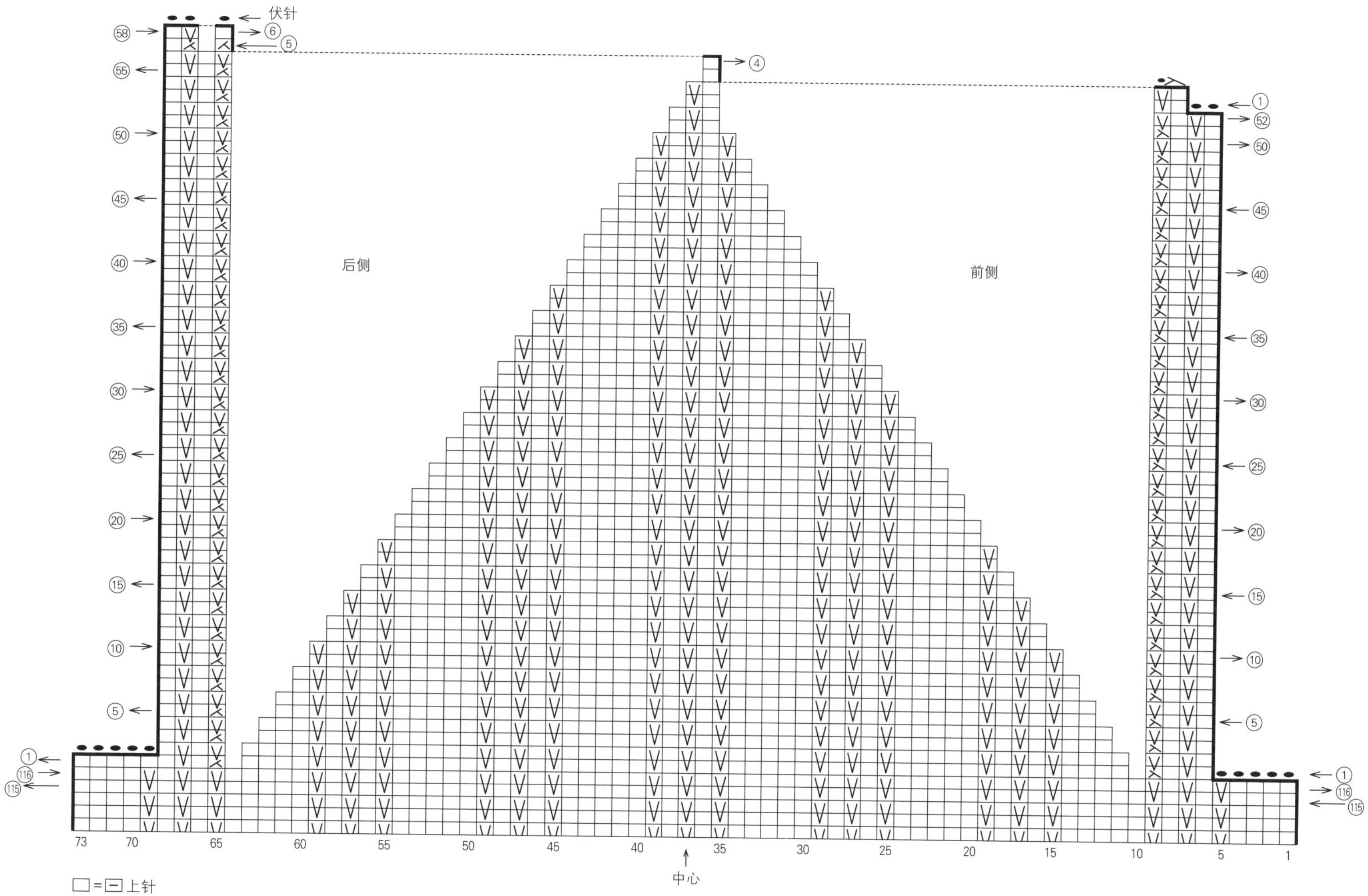

前侧

后侧

中心

伏针

□ = □ 上针

● = 上针的伏针收针

No. 15

带口袋的开衫

作品 » p.18

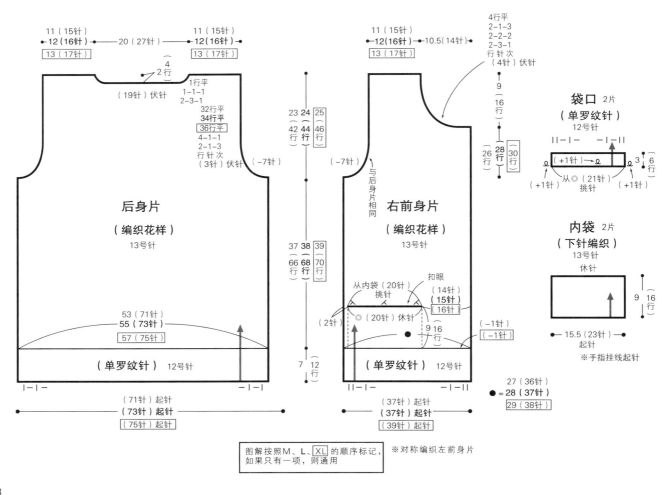

准备

[线] 和麻纳卡 Amerry L（极粗）炭灰色
（111）740g/19 团（M 号）
L、XL 号…L 号 20 团，XL 号 21 团

[针] 棒针 13 号、12 号

[其他] M、L、XL 号通用：直径 2.5cm 的
纽扣 6 颗

编织密度

10cm×10cm 面积内：编织花样 13 针、18 行

成品尺寸

	胸围	肩宽	衣长	袖长
M	110.5cm	42cm	67cm	60cm
L	114.5cm	44cm	69cm	61cm
XL	118.5cm	46cm	71cm	63cm

编织要点

●前后身片均手指起针，先编织单罗纹针，然后做编织花样。前身片袋口针目休针，从事先编织好的内袋挑针继续编织。
●袖隆、领窝减针时，2 针及以上时做伏针减针，1 针时立起侧边 1 针减针。袖下加针时，在 1 针内侧编织扭针加针。
●袋口挑针编织单罗纹针，编织终点做下针织下针、上针织上针的伏针收针。袋口侧面使用毛线缝针挑针缝合，内袋侧面、底部卷针缝合。
●肩部盖针接合，胁部、袖下使用毛线缝针挑针缝合。
●衣领从前后身片挑针编织单罗纹针，编织终点做下针织下针、上针织上针的伏针收针。前门襟从前身片、衣领挑针，编织单罗纹针，右前门襟缝上纽扣。编织终点按照和衣领相同的方法做伏针收针。
●袖钩织引拔针接合于身片。

78

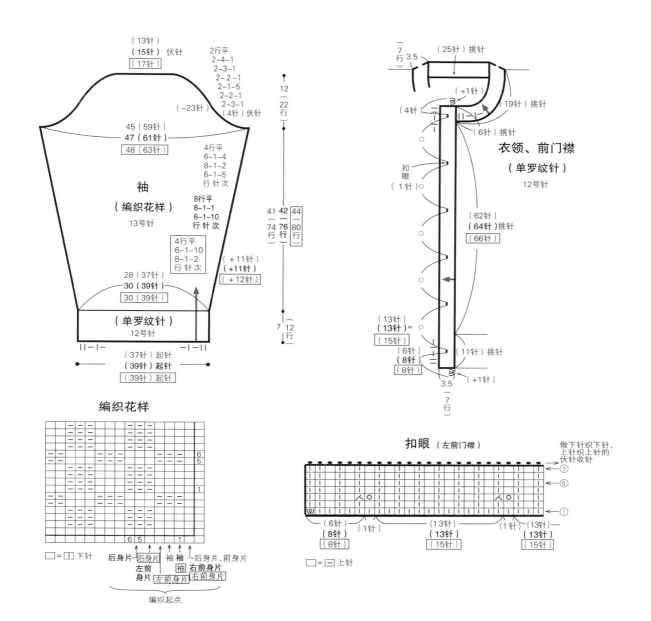

袖
（编织花样）
13号针

（13针）
（15针）伏针
[17针]

2行平
2-4-1
2-3-1
2-2-1
2-1-5
2-2-1
2-3-1
（4针）伏针

（-23针）

45（59针）
47（61针）
[48（63针）]

4行平
6-1-4
8-1-2
6-1-5
行针次

8行平
8-1-1
6-1-10
行针次

4行平
6-1-10
8-1-2
行针次

（+11针）
（+11针）
[+12针]

28（37针）
30（39针）
[30（39针）]

（单罗纹针）
12号针

（37针）起针
（39针）起针
[（39针）起针]

12
22
（22行）

41 42 [44]
74 76 [80]
（74行）（76行）[80行]

7 12
（12行）

衣领、前门襟
（单罗纹针）
12号针

7
3.5
（7行）

（25针）挑针

（+1针）

（4针）

（19针）挑针

（6针）挑针

扣眼
（1针）

（62针）
（64针）挑针
[66针]

（13针）
（13针）=
[15针]

（6针）

（8针）
[8针]

（11针）挑针

3.5
（7行）

（+1针）

编织花样

6
5
1

6 5   1

□=□下针

后身片 后身片 袖 袖 后身片、前身片
左前身片 右前身片
左前身片 右前身片

编织起点

扣眼（左前门襟）

做下针织下针、
上针织上针的
伏针收针

7
5
1

（6针）（1针）（13针）（1针）（13针）
（8针）（13针）（13针）
[8针] [15针] [15针]

□=□上针

横向渡线编织配色花样的方法

15
10
5
1

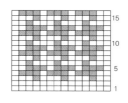

第3行 底色线 配色线

1
将线放在织片前面，从右边针目的后面
将棒针插入左边针目。

第4行 底色线

3
如箭头所示，将右棒针插入右边针目，
编织下针。

2
将右边针目右侧插入棒针的针目拉出，
编织上针。

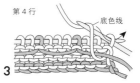

第5行 底色线

5
行的编织起点，在编织线中加入底色线
后编织。

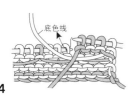

底色线

4
编织上针行时也要配色线在上、底色线
在下渡线。

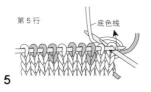

第6行

6
按照符号图重复编织，此行能编织出1
个花样。

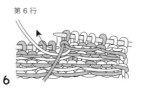

第11行编织起点

7
再编织4行，2个千鸟格花样编织完成。

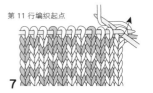

79

蒂尔登毛衣

作品 » p.20

准备

[线] 和麻纳卡 Amerry 海军蓝色（17）450g/12 团，灰色（22）30g、冰蓝色（10）15g/ 各1团（L号）M、XL号…M号 海军蓝色12团，灰色、冰蓝色各1团；XL号 海军蓝色13团，灰色、冰蓝色各1团

[针] 棒针6号、4号

成品尺寸

	胸围	肩宽	衣长	袖长
M	102cm	42cm	67cm	60cm
L	108cm	43cm	69cm	61.5cm
XL	114cm	46cm	70cm	63cm

编织密度

10cm×10cm面积内：下针条纹21针、28行；编织花样24.5针、28行

编织要点

● 身片手指起针从下摆开始编织，编织花样在第2行指定位置加针。袖窿、领窝减针时，2针及以上时做伏针减针，1针时立起侧边1针减针。前领窝左右分开编织。肩部休针。

● 袖的起针方法和身片相同，袖下在1针内侧编织扭针加针。编织终点做伏针收针。

● 肩部盖针接合，胁部、袖下使用毛线缝针挑针缝合。衣领挑针，前中心立起1针减针，后身片分散减针。袖钩织引拔针接合于身片。

※ 没有标记尺码的地方通用

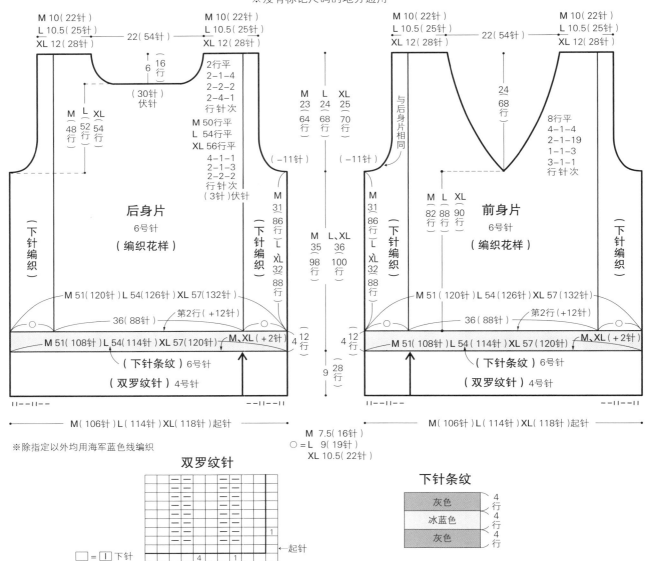

※ 除指定以外均用海军蓝色线编织

双罗纹针

□ = ①下针

下针条纹

编织花样

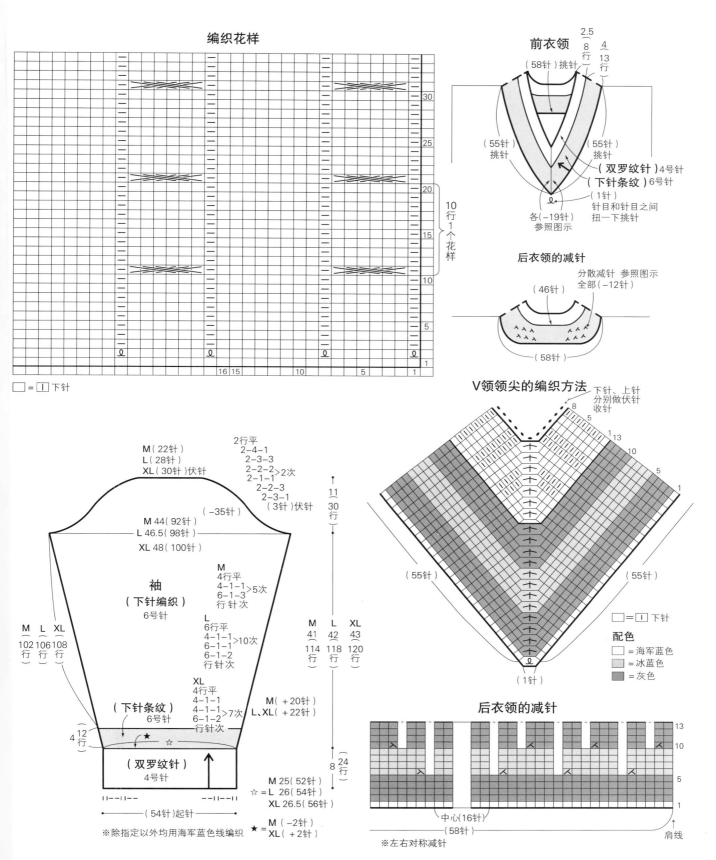

10行1个花样

16 15　　10　　5　　1

□ = □ 下针

前衣领

2.5(8行)挑针
4(13行)

(58针)挑针

(55针)挑针
(55针)挑针

(双罗纹针)4号针
(下针条纹)6号针

(1针)
针目和针目之间扭一下挑针

各(-19针)参照图示

后衣领的减针

分散减针 参照图示
全部(-12针)

(46针)

(58针)

V领领尖的编织方法

下针、上针分别做伏针收针

8
1 13
10
5
1

(55针)

(55针)

(1针)

□ = □ 下针

配色
□ = 海军蓝色
▨ = 冰蓝色
▨ = 灰色

袖(下针编织)6号针

M(22针)
L(28针)
XL(30针)伏针

2行平
2-4-1
2-3-3
2-2-2>2次
2-1-1
2-2-3
2-3-1
(3针)伏针

(-35针)

M 44(92针)
L 46.5(98针)
XL 48(100针)

M
4行平
4-1-1>5次
6-1-3
行针次

L
6行平
4-1-1>10次
6-1-1
6-1-2
行针次

XL
4行平
4-1-1
4-1-1>7次
6-1-2
行针次

M(+20针)
L、XL(+22针)

M 41 L 42 XL 43

M 114 L 118 XL 120

11
30行

8
24行

M L XL
102行 106行 108行

(下针条纹)6号针

4 12行

★　☆

(双罗纹针)4号针

M 25(52针)
☆ = L 26(54针)
XL 26.5(56针)

(54针)起针

※除指定以外均用海军蓝色线编织

★ = M(-2针)
XL(+2针)

后衣领的减针

13
10
5
1

中心(16针)

(58针)

※左右对称减针

肩线

81

No. 19

拉针花样的毛衣

作品 » p.21

准备

[线] 和麻纳卡 Sonomono Alpaca Lily
灰米色（112）430g/11 团（M 号）
L、XL 号…L 号 12 团，XL 号 13 团

[针] 棒针 10 号、8 号

编织密度

10cm×10cm 面积内：编织花样 19 针、31 行

成品尺寸

	胸围	肩宽	衣长	袖长
M	108cm	46cm	65cm	55cm
L	112cm	47.5cm	68cm	57cm
XL	116cm	49cm	71cm	59cm

编织要点

● 身片手指起针从下摆开始编织。编织花样在第 1 行加针。袖窿、领窝减针时，2 针及以上时做伏针减针，1 针时立起侧边 1 针减针。肩部休针。

● 袖的起针方法和身片相同，袖下在 1 针内侧编织扭针加针。编织终点做伏针收针。

● 肩部盖针接合，胁部、袖下使用毛线缝针挑针缝合。衣领挑针编织单罗纹针，编织终点做单罗纹针收针。袖钩织引拔针接合于身片。

※没有标记尺码的地方通用

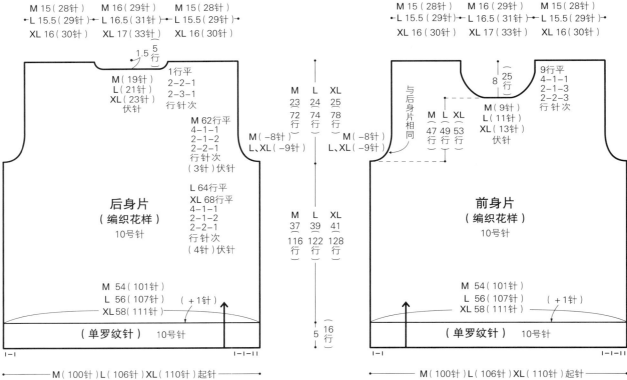

后身片（编织花样）10 号针

前身片（编织花样）10 号针

（单罗纹针）10 号针

M（100针）L（106针）XL（110针）起针

单罗纹针

□ = ① 下针

衣领 / 身片、袖

编织起点

编织花样

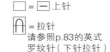

□ = □ 上针

⊓ = 拉针
请参照 p.83 的英式罗纹针（下针拉针）

XL 袖

L 身片

M 身片

XL 身片，M、L 袖

编织起点

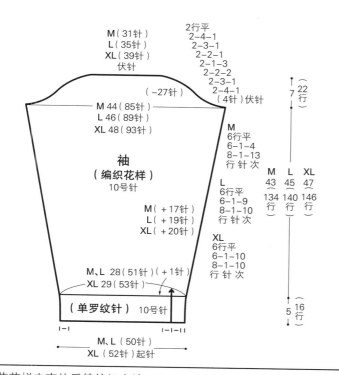

M（31针）
L（35针）
XL（39针）
伏针

（−27针）

M 44（85针）
L 46（89针）
XL 48（93针）

袖
（编织花样）
10号针

M（+17针）
L（+19针）
XL（+20针）

M、L 28（51针）（+1针）
XL 29（53针）

（单罗纹针）10号针

I-I　　　I-I-II

M、L（50针）
XL（52针）起针

2行平
2-4-1
2-3-1
2-2-1
2-1-3
2-2-2
2-3-1
2-4-1
（4针）伏针

7 22（行）

M
6行平
6-1-4
8-1-13
行针次

L
6行平
6-1-9
8-1-10
行针次

XL
6行平
6-1-10
8-1-10
行针次

M 43（134行）　L 45（140行）　XL 47（146行）

5 16（行）

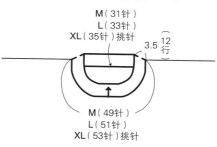

衣领（单罗纹针）8号针

M（31针）
L（33针）
XL（35针）挑针

3.5 12（行）

M（49针）
L（51针）
XL（53针）挑针

英式罗纹针（下针拉针）

1 从●行开始编织。第1针是编织针，下针时挂线，不编织直接移至右棒针。

2 下一针编织上针。

3 重复"下针时挂线，直接移至右棒针，编织上针"。

4 翻转织片，△行下针编织下针，上针和前一行的挂线一起编织上针。

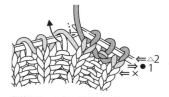

5 重复"编织下针，上针和前一行的挂线一起编织上针"。

→ No.12 麻花花样夹克的后续编织方法

插肩线的减针（M号）
※L、XL 号按照相同要领编织

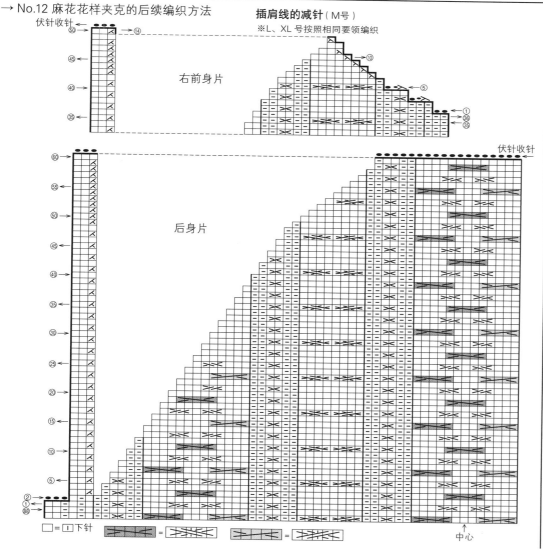

右前身片

后身片

伏针收针

伏针收针

□ = I 下针

中心

83

No. 20

麻花花样开衫

作品 » p.22

准备

[线] 和麻纳卡 Sonomono Alpaca Wool
炭灰色（45）540g/14 团、灰色（44）
70g/2 团（M 号）
L、XL 号…L 号 炭灰色 15 团，灰色
2 团；XL 号 炭灰色 16 团，灰色 2
团

[针] 棒针 9 号、8 号、7 号

[其他] 直径 2.3cm 的纽扣（炭灰色）5 颗

编织密度

10cm×10cm 面积内：下针编织 16 针、21.5 行

成品尺寸

	胸围	连肩袖长	衣长
M	106.5cm	83.5cm	68cm
L	112.5cm	87cm	70cm
XL	117.5cm	91.5cm	72cm

编织要点

● 身片另线锁针起针从下摆交界处开始编织。前身片比后身片多编织 2 行。1 针减针时，立起侧边 2 针减针。编织终点做伏针收针。下摆解开另线锁针挑针，编织双罗纹针，编织终点做双罗纹针收针。

● 袖的起针方法和身片相同，袖下在 1 针内侧编织扭针加针。袖山减针方法和身片相同，最后 6 行编织留针的引返针。编织终点做伏针收针。袖口加针，编织双罗纹针，编织终点做双罗纹针收针。

● 前门襟共线锁针起针 13 针，挑起锁针的里山开始编织。在指定位置编织扣眼，编织终点做伏针收针。袖窿对齐相同标记做下针的无缝缝合，插肩线、胁部、袖下使用毛线缝针挑针缝合，注意前身片 2 行需要缩缝进去。前门襟、衣领使用毛线缝针挑针缝合。缝上纽扣。

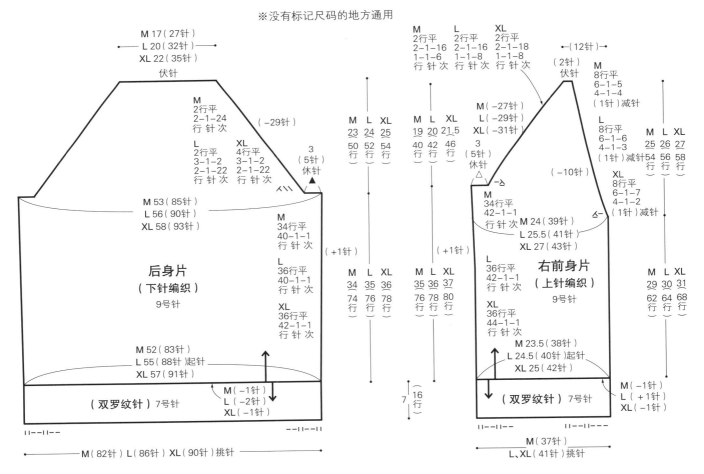

※没有标记尺码的地方通用

※除指定以外均用炭灰色线编织
※对齐 △、▲ 相同标记做下针的无缝缝合

※ 双罗纹针收针的方法请参照 p.87

※对称编织左前身片

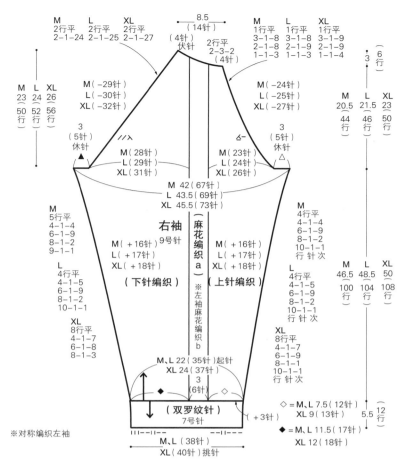

8.5
(14针)

M行平　L行平　XL行平
2行平　2行平　2行平
2-1-24　2-1-25　2-1-27

(4针)
伏针

2行平
2-3-2
(4针)

M行平　L行平　XL行平
1行平　1行平　1行平
3-1-8　3-1-9　3-1-9
2-1-8　2-1-9　2-1-9
1-1-3　1-1-3　1-1-4

(6
3 行)

M　L　XL
23　24　26
(50　52　56
行)　行)　行)

M(-29针)
L(-30针)
XL(-32针)

M(-24针)
L(-25针)
XL(-27针)

M　L　XL
20.5　21.5　23
(44　46　50
行)　行)　行)

3
(5针)
休针 ▲

//入

6-

3
(5针)
休针 △

M(28针)
L(29针)
XL(31针)

M(23针)
L(24针)
XL(26针)

M 42(67针)
L 43.5(69针)
XL 45.5(73针)

右袖
麻花编织a

M(+16针)9号针
L(+17针)
XL(+18针)

M(+16针)
L(+17针)
XL(+18针)

M
5行平
4-1-4
6-1-9
8-1-2
9-1-1

M
4行平
4-1-4
6-1-9
8-1-2
10-1-1
行 针次

(下针编织)

(上针编织)

M　L　XL
46.5　48.5　50
(100　104　108
行)　行)　行)

L
4行平
4-1-5
6-1-9
8-1-2
10-1-1

※左袖麻花编织b

L
4行平
4-1-5
6-1-9
8-1-2
10-1-1
行 针次

XL
8行平
4-1-7
6-1-8
8-1-3

M、L 22(35针)起针
XL 24(37针)

XL
8行平
4-1-7
6-1-9
8-1-1
10-1-1
行 针次

3
(6针)

(双罗纹针)
7号针

(+3针)

◇ = M、L 7.5(12针)
XL 9(13针)

◆ = M、L 11.5(17针)
XL 12(18针)

(12
5.5 行)

※对称编织左袖

M、L(38针)
XL(40针)挑针

M号　右袖

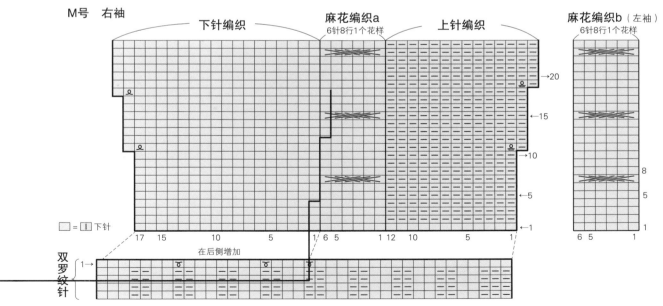

下针编织　　　麻花编织a
6针8行1个花样

上针编织

麻花编织b(左袖)
6针8行1个花样

→20
→15
→10
←5
←1

□ = | 下针

17　15　　　10　　　5　　1　6　5　　1　12　10　　　5　　　1

6　5　　1
8
5
1

在后侧增加

双罗纹针

1→

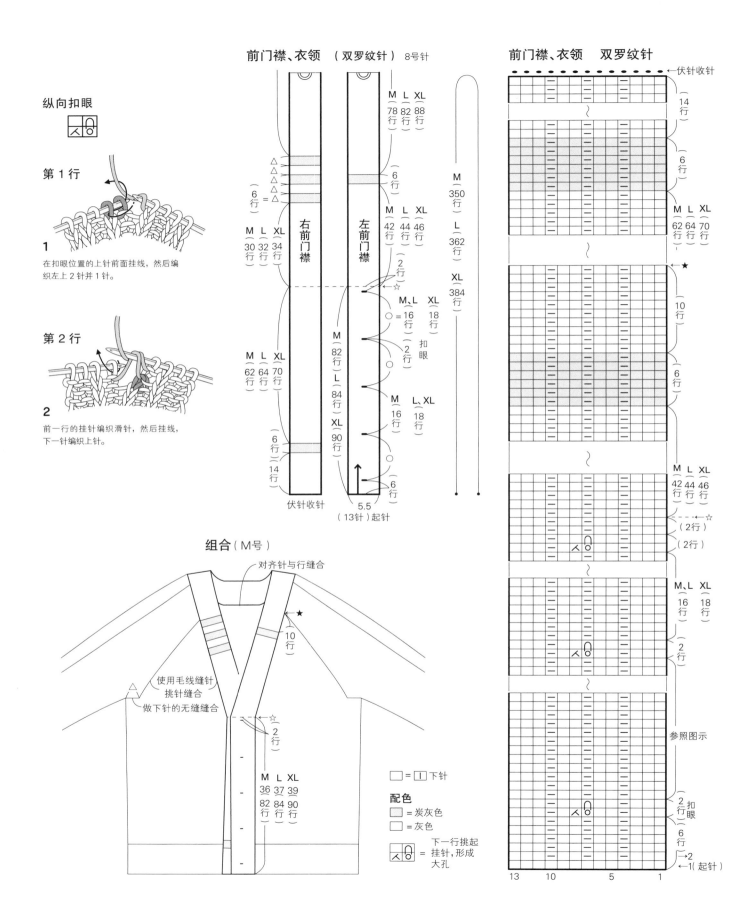

纵向扣眼

第1行

1
在扣眼位置的上针前面挂线，然后编织左上2针并1针。

第2行

2
前一行的挂针编织滑针，然后挂线，下一针编织上针。

前门襟、衣领 （双罗纹针）8号针

右前门襟

左前门襟

	M	L	XL
	78行	82行	88行

6行

	M	L	XL
	42行	44行	46行

M
350行

L
362行

XL
384行

6行

	M	L	XL
	30行	32行	34行

	M	L	XL
	62行	64行	70行

	M、L	XL
	16行	18行

2行 扣眼

M
82行

L
84行

XL
90行

	M	L、XL
	16行	18行

6行
14行

伏针收针

5.5
（13针）起针

组合（M号）

对齐针与行缝合

★
10行

使用毛线缝针
挑针缝合
做下针的无缝缝合

☆
2行

M	L	XL
36	37	39
82行	84行	90行

前门襟、衣领 双罗纹针

伏针收针

14行

6行

	M	L	XL
	62行	64行	70行

★
10行

6行

	M	L	XL
	42行	44行	46行

☆
（2行）
（2行）

	M、L	XL
	16行	18行

2行

参照图示

2行 扣眼
6行

→2
←1（起针）

13　10　　5　　1

□ = │ 下针

配色
□ = 炭灰色
□ = 灰色

= 下一行挑起挂针，形成大孔

No. 17

手套

作品 》 p.19

〔准备〕

〔线〕 和麻纳卡 Aran Tweed 米色（2）
55g/2 团

〔针〕 棒针 9 号、8 号

〔编织密度〕

10cm×10cm 面积内：下针编织 18 针、26 行；
编织花样 26 针 12cm，10cm26 行

〔成品尺寸〕

掌围 24cm，掌长 19cm

〔编织要点〕

●另线锁针起针环形编织，一边做 32 行编织花样和下针编织，一边在拇指位置编入另线。

●每根手指一边编织卷针和挑针，一边环形做下针编织。

●拇指从指孔位置编入的另线上侧和下侧挑针 17 针，在两侧做卷针加针，环形做下针编织。

●手腕位置解开另线锁针起针，一边在编织花样部分减 4 针，一边挑针，环形编织单罗纹针。编织终点做单罗纹针收针。

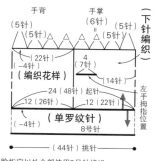

拇指
（下针编织）

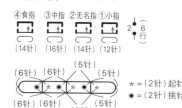

其他手指（下针编织）

※除指定以外全部使用9号针编织
※右手套和左手套对称编织

⦿ 卷针加针

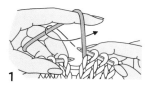

1
如箭头所示转动右棒针，将线缠上。

2
下一针编织下针。

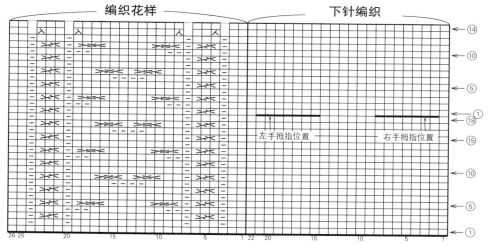

编织花样　　　　下针编织

□＝① 下针

双罗纹针收针

●两端为 2 针下针的情况

1
参照图示，将针插入针目1、2后，再一次插入针目1中，从针目3的前侧入针、后侧出针。

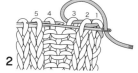

2
下针之间，从针目2的前侧入针，从针目5的后侧入针、前侧出针。

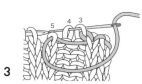

3
上针之间，从针目3的后侧入针，从针目4的前侧入针、后侧出针。

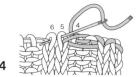

4
下针之间，从针目5的前侧入针，从针目6的后侧入针、前侧出针。

5
上针之间，从针目4的后侧入针，从针目7的前侧入针、后侧出针。重复步骤2~5的操作。

编织终点一侧

6
从针目2'的前侧入针，从针目1'的前侧出针。

7
从针目3'的后侧入针，从针目1'的前侧出针。

8
完成。

No. **21**

前开襟马甲

作品 » p.23

准备

[线] 和麻纳卡 Aran Tweed 炭灰色（9）
360g/9 团（L 号）
M、XL 号…M 号 9 团，XL 号 10
团

[针] 棒针 9 号、7 号

[其他] 直径 2cm 的纽扣（炭灰色）5 颗

编织密度

10cm×10cm 面积内：下针编织 16.5 针、24
行
编织花样 18 针 8cm、10cm 24 行

成品尺寸

	胸围	肩宽	衣长
M	105cm	40cm	62cm
L	115cm	42cm	63cm
XL	119cm	44cm	64.5cm

编织要点

● 身片手指起针从下摆开始编织。前领窝立起 2 针减针，袖窿 2 针及以上时做伏针减针，1 针时立起侧边 1 针减针，肩部休针。后领窝中央的针目加线编织伏针。

● 肩部正面相对对齐钩织引拔针接合，胁部使用毛线缝针挑针缝合。前门襟、衣领、袖窿从身片挑针编织双罗纹针，左前门襟开扣眼。编织终点区分编织上针、下针的伏针收针。右前门襟缝上纽扣。

※ 没有标记尺码的地方通用

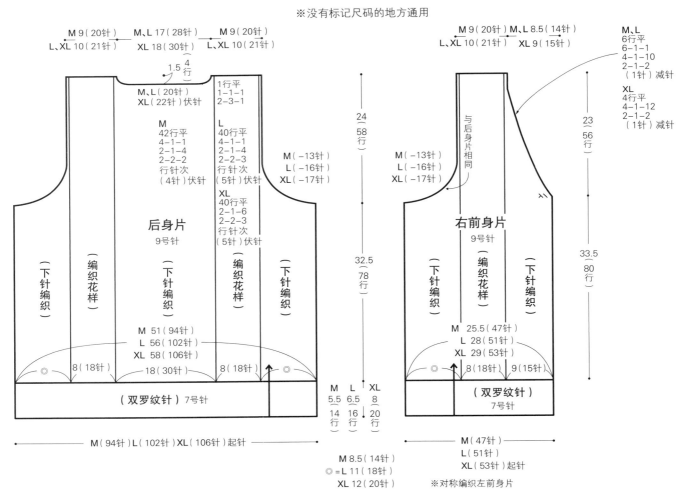

编织花样

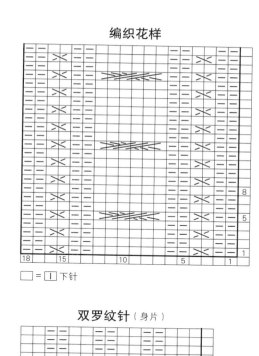

□ = □ 下针

双罗纹针（身片）

XL 后身片、左前身片
M、L 后身片 M、L、XL 右前身片
M、L 左前身片
编织起点
←起针

□ = □ 下针

前门襟、衣领、袖窿
（双罗纹针）7号针

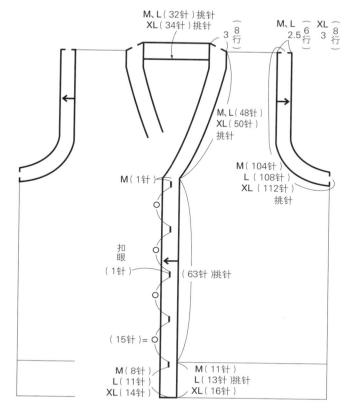

M、L（32针）挑针
XL（34针）挑针

3（8行）

M、L 2.5（6行） XL 3（8行）

M、L（48针）
XL（50针）
挑针

M（104针）
L（108针）
XL（112针）
挑针

M（1针）

扣眼
（1针）

（63针）挑针

（15针）=

M（8针）
L（11针）
XL（14针）

M（11针）
L（13针）挑针
XL（16针）

扣眼（M号）

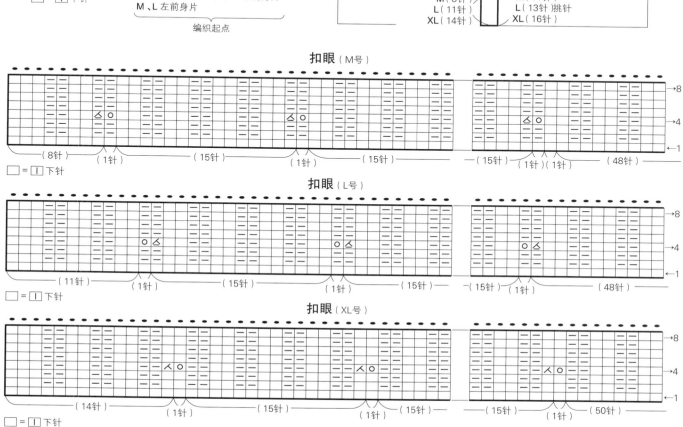

（8针）（1针）（15针）（1针）（15针）（15针）（1针）（1针）（48针）

→8
→4
←1

□ = □ 下针

扣眼（L号）

（11针）（1针）（15针）（1针）（15针）（15针）（1针）（48针）

→8
→4
←1

□ = □ 下针

扣眼（XL号）

（14针）（1针）（15针）（1针）（15针）（15针）（1针）（50针）

→8
→4
←1

□ = □ 下针

No. **22**

基础花样的
水手领马甲
作品 >> p.24

准备

[线] 和麻纳卡 Men's Club MASTER 深
藏青色（7）420g/9 团（M 号）
L、XL 号…L 号 9 团，XL 号 10 团
[针] 棒针10号、8号

编织密度

10cm×10cm面积内：编织花样15针、32行

成品尺寸

	胸围	肩宽	衣长
M	100cm	42cm	64cm
L	104cm	42cm	65cm
XL	108cm	44cm	67cm

编织要点

● 前后身片均手指起针，先编织单罗纹针，然后做编织花样。
● 袖窿、领窝减针时，2针及以上时做伏针减针，1针时立起侧边1针减针。
● 肩部盖针接合，胁部使用毛线缝针挑针缝合。
● 衣领、袖窿环形编织单罗纹针。编织终点做环形的单罗纹针收针。

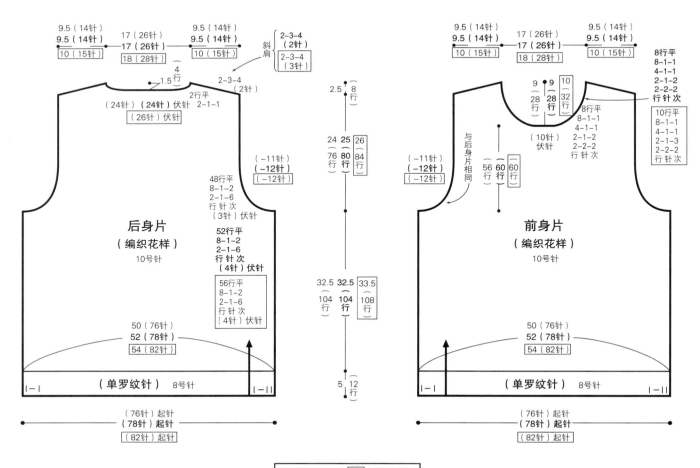

图解按照M、L、XL的顺序标记，
如果只有一项，则通用

衣领、袖窿（单罗纹针） 8号针

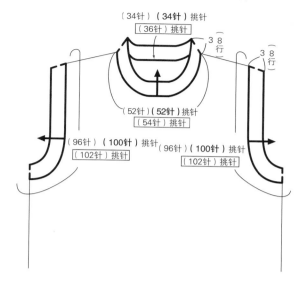

（34针）（34针）挑针
〔36针〕挑针
3 8 行
（52针）（52针）挑针
〔54针〕挑针
（96针）（100针）挑针 （96针）（100针）挑针
〔102针〕挑针 〔102针〕挑针

※ 环形编织单罗纹针收针的方法请参照 p.93

单罗纹针

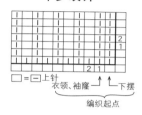

□ =〔─〕上针
衣领、袖窿← →下摆
编织起点

编织花样

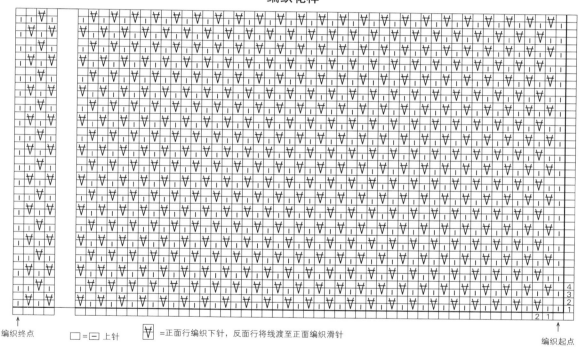

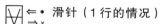

编织终点

□ =〔─〕上针   ∀ =正面行编织下针，反面行将线渡至正面编织滑针

编织起点

∀ ⇐• 滑针（1行的情况）
⇒×

1
●行将线放在后侧，如箭头所示将左棒针上的针目直接移至右棒针。

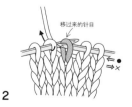

2
这就是滑针。然后编织下一针。

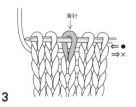

3
滑针部分渡线位于后侧。

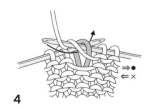

4
下一针按照图示入针编织。

No. 23

阿兰花样帽子
作品 》 p.25

准备

〔 线 〕 和麻纳卡 Aran Tweed 炭灰色
　　　（ 9 ） 90g/3团
〔 针 〕 棒针8号、6号

编织密度

10cm×10cm面积内：编织花样20针、26.5行

成品尺寸

帽围55cm，帽深21cm

编织要点

● 手指起针环形编织。从双罗纹针开始编织，
加入编织花样时需要翻转织片。

● 参照图示，一边分散减针，一边编织。剩
余15针每隔1针穿线，穿2圈收紧。

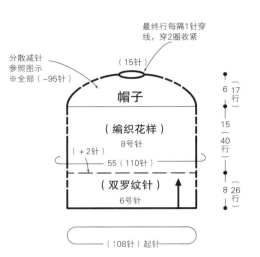

帽子

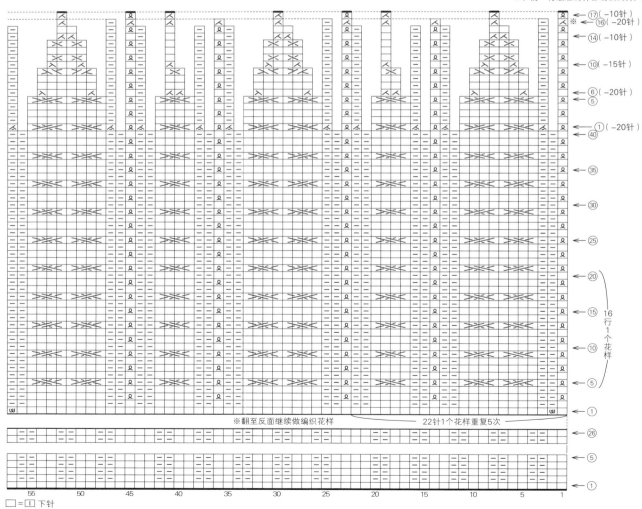

□ = □ 下针

ⓦ = 卷针加针（参照p.87）

No. 24

长围脖

作品 » p.25

[准备]

[线] 和麻纳卡 Amerry L（极粗）紫色
（115）300g/8团
[针] 棒针13号

[编织密度]

10cm×10cm面积内：编织花样17针、17行

[成品尺寸]

周长140cm，宽25cm

[编织要点]

● 另线锁针起针，做239行编织花样。
● 编织终点休针，一边和编织起点做1行下针的无缝缝合，一边连成环形。

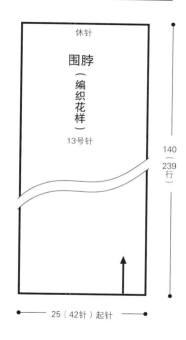

休针

围脖
（编织花样）

13号针

140
（239
行）

25（42针）起针

围脖

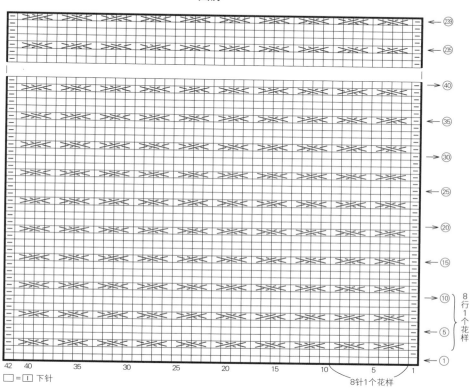

239
236

40
35
30
25
20
15
10
8行1个花样
5
1

42 40   35   30   25   20   15   10   5   1

8针1个花样

□ = 1 下针

单罗纹针收针

● 环形编织的情况

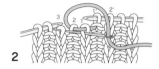  

1 从针目1（第1针下下针）的后侧入针，从针目2的后侧出针。

2 从针目1的前侧入针，从针目3的前侧出针。

3 上针之间，从针目2的后侧入针，从针目4的后侧出针。

4 下针之间，从针目3的前侧入针，从针目5的前侧出针。按相同方法继续收针。

编织终点一侧

 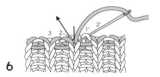  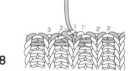

5 下针之间从针目2'的前侧入针，从针目1（第1针下针）的前侧出针。

6 从针目1'（上针）的后侧入针，从针目2（第1针上针）的前侧出针。

7 将毛线穿入针目1'、2后的样子。将毛线缝针在针目1、2中穿3次。

8 拉紧线后，即完成。

No. **25**

线条装饰的马甲

作品 » p.26

准备

[线] 和 麻 纳 卡 Men's Club MASTER
米色（18）310g/7 团,深棕色（58）
70g/2 团（M 号）
L、XL 号…L 号 米色 7 团,深棕色
2 团；XL 号 米色 8 团,深棕色 3
团
[针] 棒针 12 号、10 号
[其他] 米色拉链 1 根：M 号 60cm、L 号
63cm、XL 号 66cm

编织要点

●身片另线锁针起针。做编织花样。袖隆、领窝减针时，2 针及以上时做伏针减针，1 针时立起侧边 1 针减针。下摆解开锁针挑针，编织单罗纹针，编织终点做单罗纹针收针。

●肩部盖针接合，胁部使用毛线缝针挑针缝合。袖隆、衣领、前门襟从身片挑针编织单罗纹针，编织终点做单罗纹针收针。前门襟的拉链需要从反面做半针的回针缝。

编织密度

10cm×10cm面积内：编织花样15针、22行

成品尺寸

	胸围	肩宽	衣长
M	107cm	42cm	62.5cm
L	113cm	45cm	65.5cm
XL	119cm	48cm	68.5cm

※没有标记尺码的地方通用

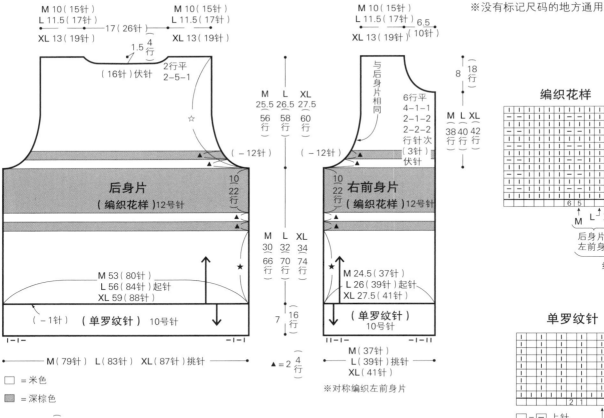

编织花样

单罗纹针

□ = ⊡ 上针

编织起点

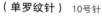

衣领、前门襟、袖窿

（单罗纹针） 10号针

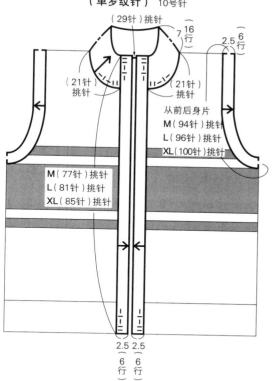

（29针）挑针

7 16行

2.5 6行

（21针）挑针
（21针）挑针

从前后身片
M（94针）挑针
L（96针）挑针
XL（100针）挑针

M（77针）挑针
L（81针）挑针
XL（85针）挑针

2.5 2.5
6行 6行

拉链的安装方法

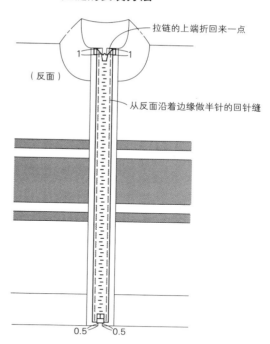

拉链的上端折回来一点

（反面）

1 1

从反面沿着边缘做半针的回针缝

0.5 0.5

●安装拉链之前

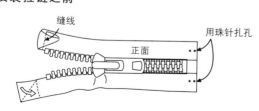

缝线

用珠针扎孔

正面

拉链下端比较硬，手缝线不太好穿过，因此要事先用尖端锋利的珠针扎孔。拉链上端要如图所示折叠成三角形，然后缝合。

●安装拉链

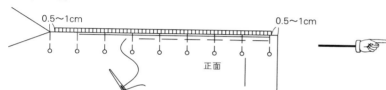

0.5~1cm　　　　　　　　　　　0.5~1cm

正面

把拉链拉开，先安装一边。在下摆、衣领和门襟数处用珠针固定，然后大针脚疏缝。注意不要让珠针扎住手。

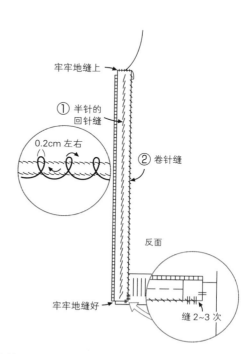

牢牢地缝上

① 半针的回针缝

0.2cm 左右

② 卷针缝

反面

牢牢地缝好

缝 2~3 次

疏缝后取下珠针，然后做半针的回针缝，注意不要影响到正面。在下摆处所开的孔中，穿线 2~3 次固定。另一边拉链也按照相同要领安装。最后，用藏针缝的方法缝合拉链端头，完成。

基础花样的
插肩袖夹克

作品 》 p.27

准备

[线] 和麻纳卡 Men's Club MASTER 灰
色（71）680g/14 团（M 号）
L、XL 号…L、XL 号 各 15 团

[针] 棒针 10 号、8 号

[其他] 直径 23mm 的纽扣（黑色）7 颗

编织密度

10cm×10cm 面积内：编织花样 16 针、20 行

成品尺寸

	胸围	衣长	连肩袖长
M	111.5cm	66.5cm	80.5cm
L	116.5cm	69.5cm	85.5cm
XL	121.5cm	71.5cm	88cm

编织要点

●身片、袖另线锁针起针，插肩线参照图示减针。前身片口袋位置编入另线。袖下加针时，在 1 针内侧编织扭针加针。下摆解开另线锁针挑针，下摆和袖口编织双罗纹针，编织终点做下针织下针、上针织上针的伏针收针。解开另线挑针，编织内袋和口袋口。口袋口的编织终点和下摆编织终点相同。

●插肩线、胁部、袖下使用毛线缝针挑针缝合，腋下针目做下针的无缝缝合。衣领编织双罗纹针，下摆按照相同方法做伏针收针，折向反面折成双层，卷针缝合。从指定位置挑针，前门襟编织双罗纹针，编织终点和下摆编织终点相同。前门襟缝上纽扣。

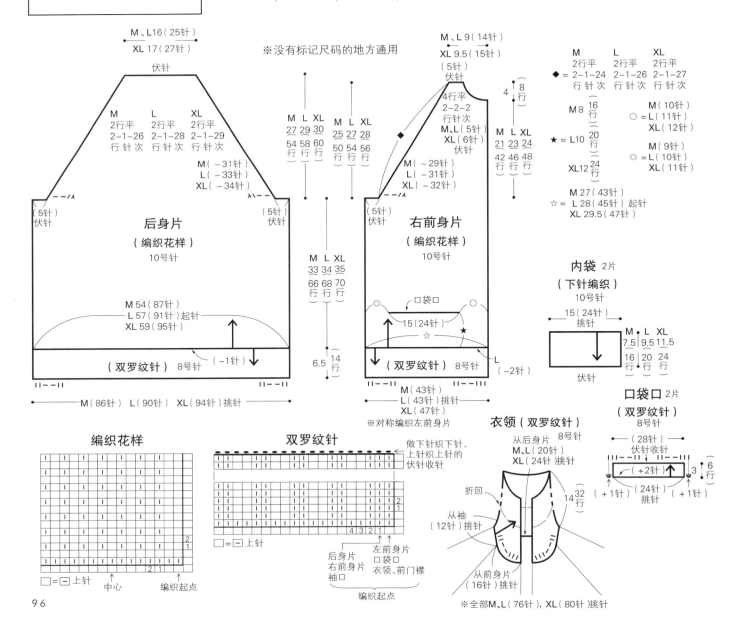

※没有标记尺码的地方通用

后身片
（编织花样）
10号针

右前身片
（编织花样）
10号针

（双罗纹针） 8号针

内袋 2片
（下针编织）
10号针

口袋口 2片
（双罗纹针）
8号针

衣领（双罗纹针）

编织花样

双罗纹针

□＝ ⊟ 上针

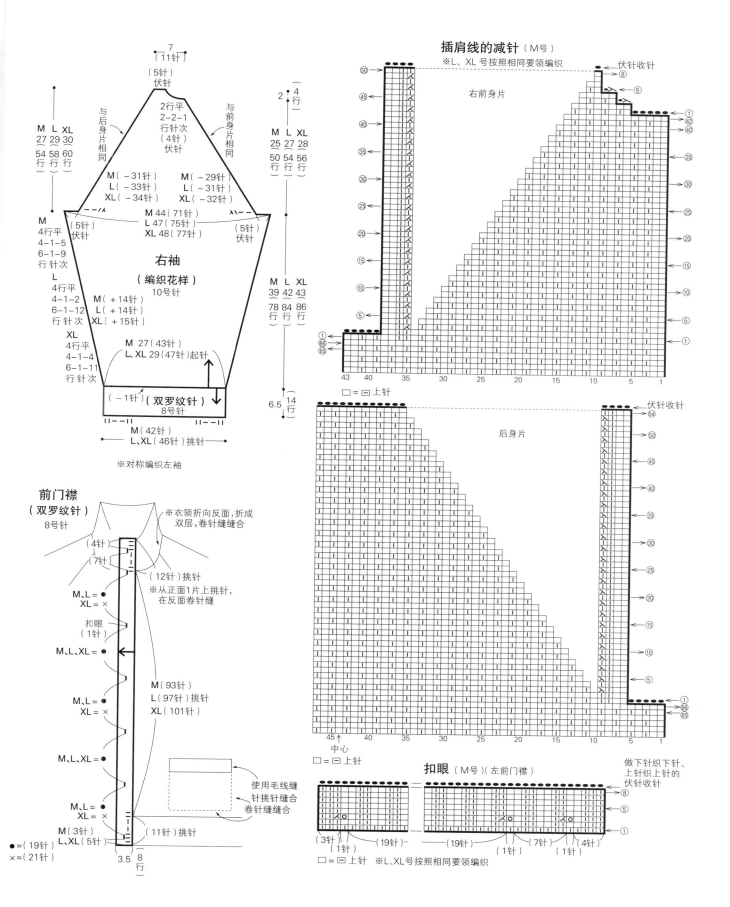

插肩线的减针（M号）

※L、XL号按照相同领要编织

右前身片

右袖
（编织花样）
10号针

前门襟
（双罗纹针）
8号针

后身片

扣眼（M号）（左前门襟）

□ = ⊟ 上针

※对称编织左袖

※衣领折向反面，折成双层，卷针缝缝合

※从正面1片上挑针，在反面卷针缝

做下针织下针、上针织上针的伏针收针

□ = ⊟ 上针　※L、XL号按照相同要领编织

No. **27**

圆育克毛衣

作品 » p.28

準備

[线] 和麻纳卡 Aran Tweed 海军蓝色（16）380g/10 团，原白色（1）25g/1 团（M 号）
L、XL 号…L 号 海军蓝色 11 团，原白色 1 团；XL 号 海军蓝色 12 团，原白色 1 团

[针] 棒针 9 号、8 号、7 号

编织密度

10cm×10cm 面积内：下针编织 16 针、22.5 行（8 号针）；配色花样 16 针、22 行（9 号针）

编织要点

●前后身片、袖均手指起针，先编织单罗纹针，然后做下针编织。后身片编织 6 行差行。编织终点休针。
●袖下加针时，在 1 针内侧编织扭针加针。
●从前后身片、袖对齐标记以外的休针挑针，育克编织配色花样。衣领编织单罗纹针，编织终点做单罗纹针收针。
●胁部、袖下使用毛线缝针挑针缝合。对齐相同标记，用毛线缝针做下针的无缝缝合和对齐针与行缝合。

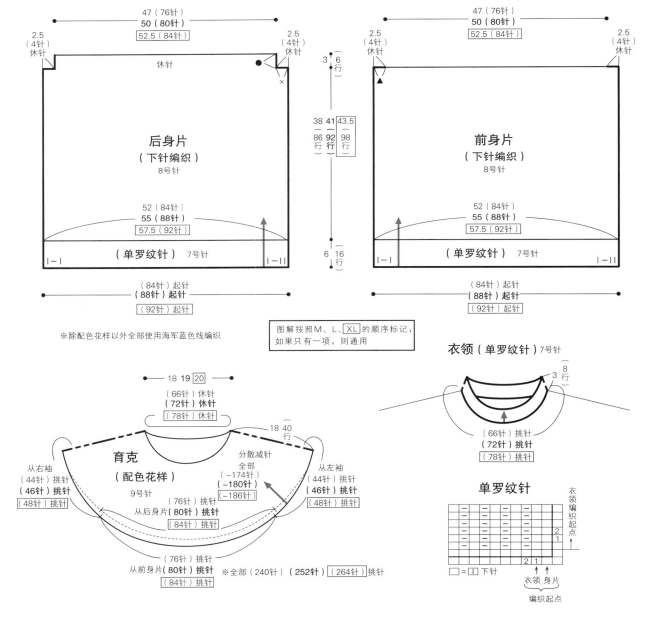

※除配色花样以外全部使用海军蓝色线编织

图解按照 M、L、XL 的顺序标记，如果只有一项，则通用

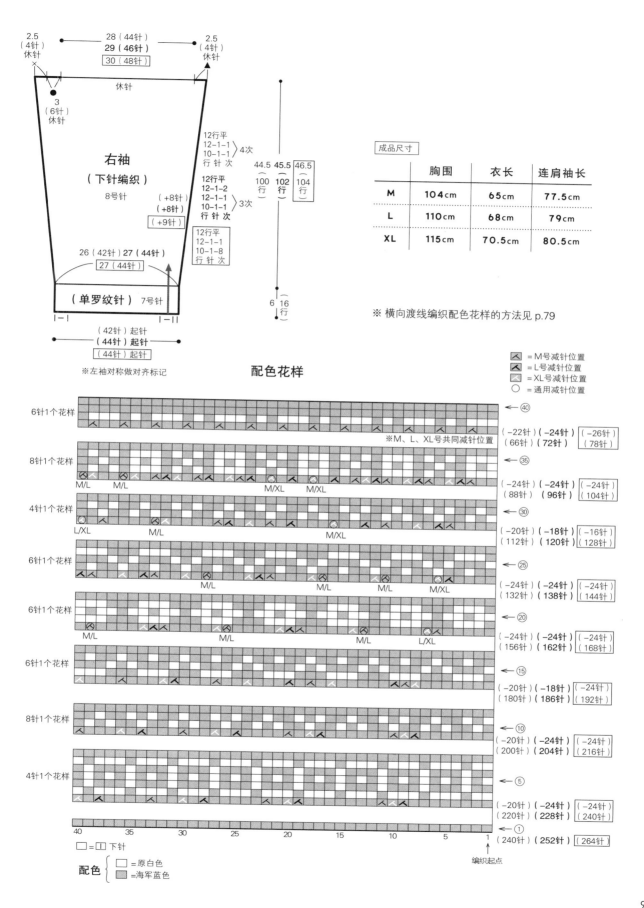

右袖
（下针编织）

8号针

2.5（4针）休针
2.5（4针）休针

28（44针）
29（46针）
30（48针）

休针

3（6针）休针

12行平
12-1-1
10-1-1 } 4次
行 针 次

12行平
12-1-2
12-1-1
10-1-1 } 3次
行 针 次

（+8针）
（+8针）
（+9针）

12行平
12-1-1
10-1-8
行 针 次

44.5 100行
45.5 102行
46.5 104行

26（42针）27（44针）
27（44针）

（单罗纹针）7号针

6 16行

（42针）起针
（44针）起针
（44针）起针

※左袖对称做对齐标记

※横向渡线编织配色花样的方法见 p.79

成品尺寸

	胸围	衣长	连肩袖长
M	104cm	65cm	77.5cm
L	110cm	68cm	79cm
XL	115cm	70.5cm	80.5cm

配色花样

= M号减针位置
= L号减针位置
= XL号减针位置
= 通用减针位置

6针1个花样 ←40
（-22针）（-24针）（-26针）
（66针）（72针）（78针）

※M、L、XL号共同减针位置

8针1个花样 ←35
M/L M/L M/XL M/XL
（-24针）（-24针）（-24针）
（88针）（96针）（104针）

4针1个花样 ←30
L/XL M/L M/XL
（-20针）（-18针）（-16针）
（112针）（120针）（128针）

6针1个花样 ←25
M/L M/L M/L M/XL
（-24针）（-24针）（-24针）
（132针）（138针）（144针）

6针1个花样 ←20
M/L M/L M/L L/XL
（-24针）（-24针）（-24针）
（156针）（162针）（168针）

6针1个花样 ←15
（-20针）（-18针）（-24针）
（180针）（186针）（192针）

8针1个花样 ←10
（-20针）（-24针）（-24针）
（200针）（204针）（216针）

4针1个花样 ←5
（-20针）（-24针）（-24针）
（220针）（228针）（240针）

←1
（240针）（252针）（264针）

40 35 30 25 20 15 10 5 1

编织起点

□ = □ 下针

配色 { □ =原白色
海军蓝色 }

99

No.28

V领阿兰花样
马甲

作品 >> p.29

准备

[线] 和麻纳卡 Men's Club MASTER 蓝灰色（51）370g/8 团（M 号）
L、XL 号…L 号 8 团，XL 号 9 团

[针] 棒针 10 号、8 号

编织密度

10cm×10cm 面积内：下针编织 14 针、21 行

成品尺寸

	胸围	肩宽	衣长
M	106cm	45cm	62cm
L	110cm	45cm	64cm
XL	114cm	46cm	66cm

编织要点

- 前后身片另线锁针起针，按照图示搭配做下针编织和编织花样 A、B、A'。
- 袖窿、领窝减针时，2 针及以上时做伏针减针，1 针时立起侧边 1 针减针。下摆解开另线锁针挑针，编织单罗纹针，编织终点做单罗纹针收针。
- 肩部盖针接合，胁部使用毛线缝针挑针缝合。衣领、袖窿从身片挑针编织单罗纹针，编织终点做单罗纹针收针。

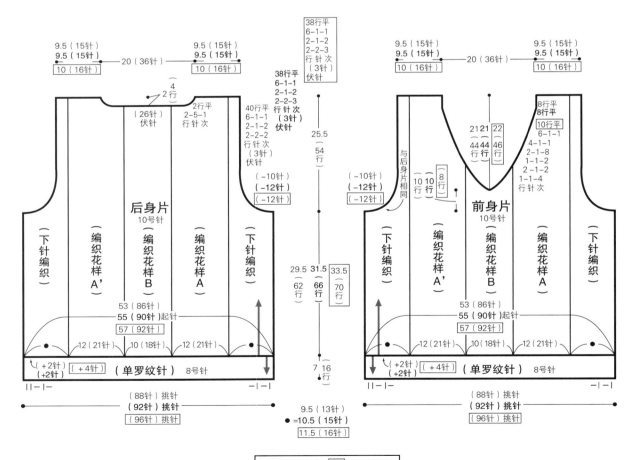

图解按照 M、L、XL 的顺序标记，如果只有一项，则通用

100

衣领、袖窿（单罗纹针）

8号针

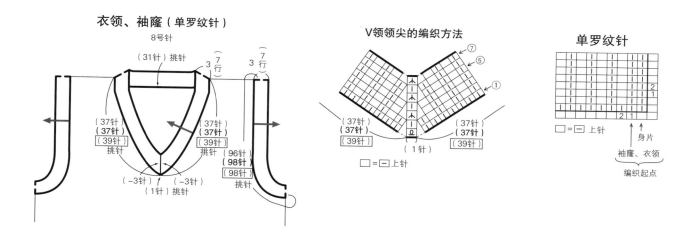

V领领尖的编织方法

□=□ 上针

单罗纹针

□=□ 上针

身片

袖窿、衣领

编织起点

编织花样

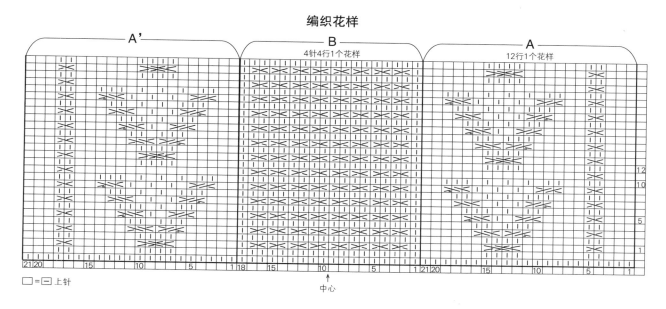

□=□ 上针

中心

后领窝

M号

※L、XL号按照相同要领编织

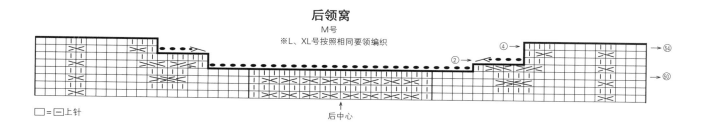

□=□上针

后中心

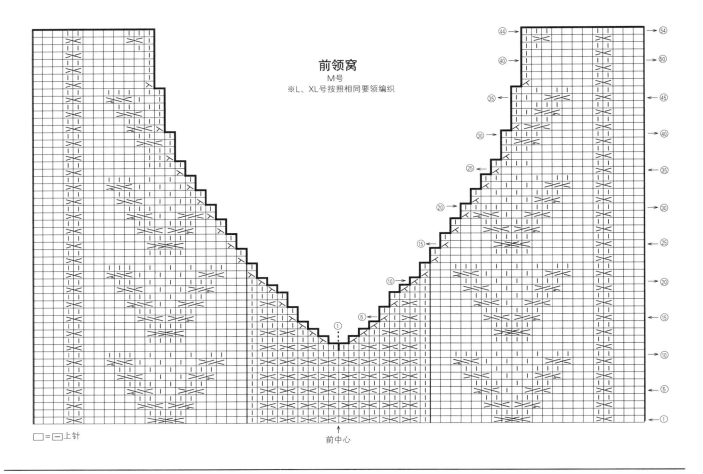

前领窝
M号
※L、XL号按照相同要领编织

□=□上针

前中心

纵向渡线编织配色花样的方法

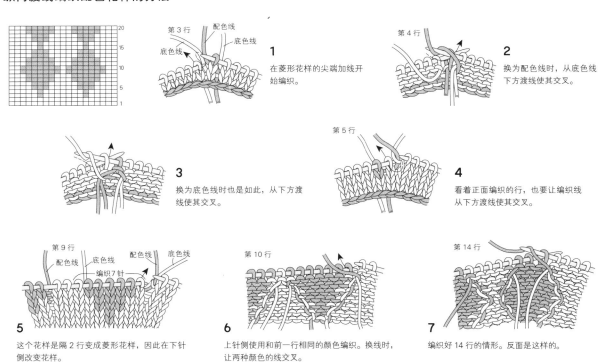

1 在菱形花样的尖端加线开始编织。

2 换为配色线时，从底色线下方渡线使其交叉。

3 换为底色线时也是如此，从下方渡线使其交叉。

4 看着正面编织的行，也要让编织线从下方渡线使其交叉。

5 这个花样是隔2行变成菱形花样，因此在下针侧改变花样。

6 上针侧使用和前一行相同的颜色编织。换线时，让两种颜色的线交叉。

7 编织好14行的情形。反面是这样的。

No. **37**

麻花花样围巾

作品 » p.38

［准备］

［ 线 ］和麻纳卡 Amerry L（极粗）红色
（106）235g/6 团
［ 针 ］棒针 13 号

编织密度

10cm×10cm 面积内：编织花样 22 针、19 行

成品尺寸

宽 17cm，长 141cm

编织要点

● 手指起针，编织 5 行单罗纹针。
● 编织 1 针加针和 259 行编织花样。编织 1 针减针，然后编织 5 行单罗纹针。
● 编织终点做下针织下针、上针织上针的伏针收针。

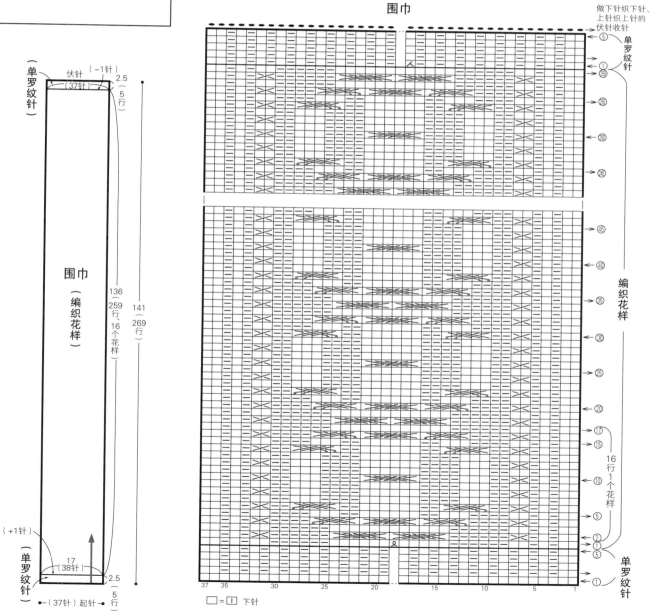

围巾

做下针织下针、上针织上针的伏针收针

单罗纹针

编织花样

16 行 1 个花样

单罗纹针

□ = | 下针

No. **29**

北欧风情毛衣

作品 » p.30

准备

[线] 和麻纳卡Amerry 自然黑色（52）
440g/11团，炭灰色（30）55g/2
团，灰色（22）35g/1团，自然白
色（20）10g/1团（M号）
L、XL号…L号 自然黑色12团，炭
灰色2团，灰色、自然白色各1
团；XL号 自然黑色13团，炭灰色
2团，灰色、自然白色各1团

[针] 棒针5号、4号、3号

编织密度

10cm×10cm面积内：下针编织24针、28.5
行；配色花样24针、28行

编织要点

● 前后身片、袖均手指起针，先编织单罗纹
针，然后做下针编织。后身片编织8行差
行。腋下针目做伏针收针，编织终点休针。

● 袖下加针时，在1针内侧编织扭针加针。

● 胁部、袖下使用毛线缝针挑针缝合。对齐
相同标记，用毛线缝针做下针的无缝缝合
和对齐针与行缝合。

● 从前后身片、袖的休针挑针，育克编织配
色花样。采用横向渡线的方法编织配色花
样。衣领编织单罗纹针和伏针收针后对折，
在反面用卷针缝的方法缝在领窝。

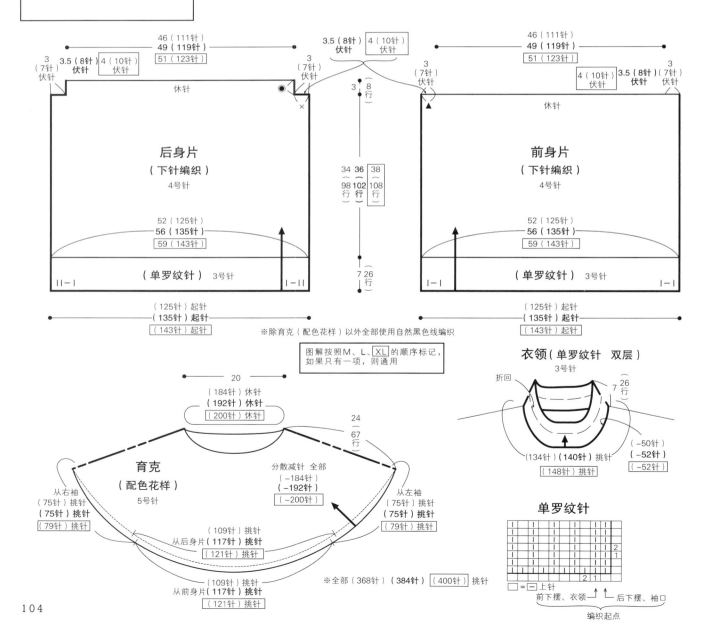

配色花样

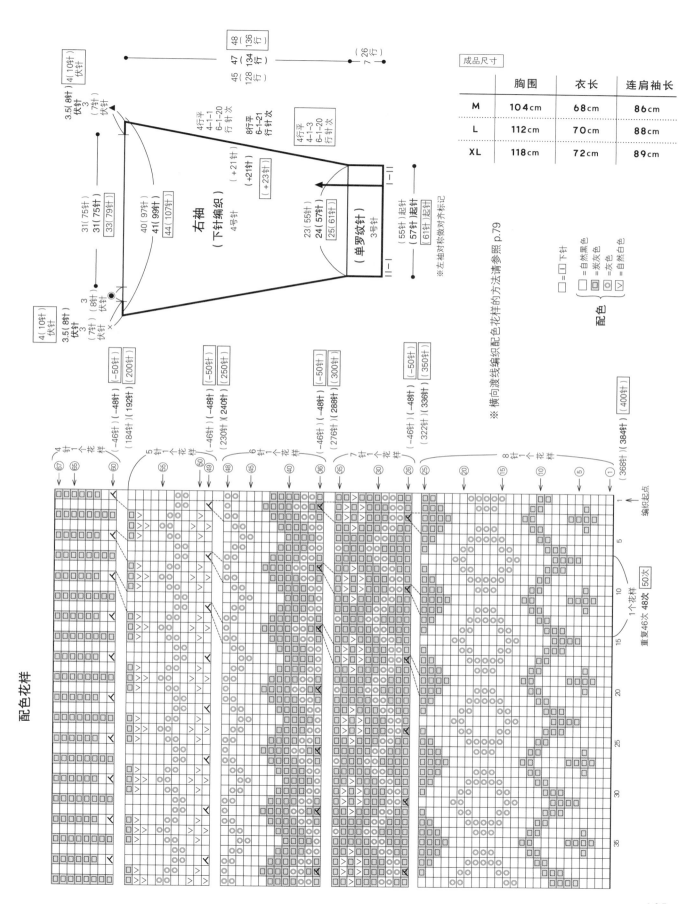

※横向渡线织配色花样的方法请参照 p.79

成品尺寸			
	胸围	衣长	连肩袖长
M	104cm	68cm	86cm
L	112cm	70cm	88cm
XL	118cm	72cm	89cm

配色

□ = □ 下针

□ = 自然黑色
□ = 炭灰色
◎ = 灰色
∨ = 自然白色

右袖
（下针编织）
4号针

（单罗纹针）
3号针

※左袖对称做对齐标记

No. **30**

麻花花样毛衣

作品 >> p.31

准备

[线] 和麻纳卡Amerry 自然白色（20）
505g/13团（M号）
L、XL号…L号14团，XL号 15团

[针] 棒针6号、5号

编织密度

下针编织10cm为21.5针，编织花样8cm为24针，行数均为27.5行

成品尺寸

	胸围	肩宽	衣长	袖长
M	106cm	40cm	65cm	57cm
L	112cm	43cm	67cm	58.5cm
XL	118cm	45cm	69cm	60cm

编织要点

● 前后身片、袖均手指起针，编织双罗纹针。然后按照图示做下针编织、编织花样。

● 减针时，2针及以上时做伏针减针，1针时立起侧边1针减针。袖下加针时，在1针内侧编织扭针加针。

● 肩部盖针接合，胁部使用用毛线缝针挑针缝合。衣领从领窝挑针，编织双罗纹针，编织终点做伏针收针后对折，在反面用卷针缝的方法缝合。

● 袖钩织引拔针接合于身片。

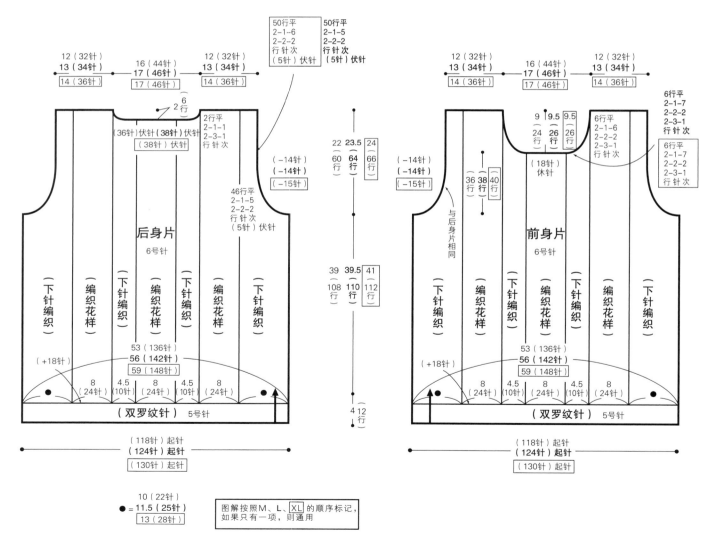

后身片
6号针

前身片
6号针

12（32针）
13（34针）
14（36针）

16（44针）
17（46针）
17（46针）

12（32针）
13（34针）
14（36针）

50行平
2-1-6
2-2-2
行针次
（5针）伏针

2行平
2-1-1
2-3-1
行针次

（36针）伏针（38针）伏针
（38针）伏针

6
2行

（−14针）
（−14针）
（−15针）

46行平
2-1-5
2-2-2
行针次
（5针）伏针

22 23.5 24
60 64 66
行 行 行

39 39.5 41
108 110 112
行 行 行

4
12
行

（下针编织）
（编织花样）
（下针编织）
（编织花样）
（下针编织）
（编织花样）
（下针编织）

53（136针）
56（142针）
59（148针）

（+18针）

8（24针）
4.5（10针）
8（24针）
4.5（10针）
8（24针）

（ 双罗纹针 ）5号针

（118针）起针
（124针）起针
（130针）起针

9 9.5 9.5
24 26 26
行 行 行

6行平
2-1-6
2-2-2
2-3-1
行针次

6行平
2-1-7
2-2-2
2-3-1
行针次

（18针）休针

36 38 40
行 行 行

与后身片相同

（−14针）
（−14针）
（−15针）

10（22针）
● = 11.5（25针）
13（28针）

图解按照M、L、**XL**的顺序标记，如果只有一项，则通用

106

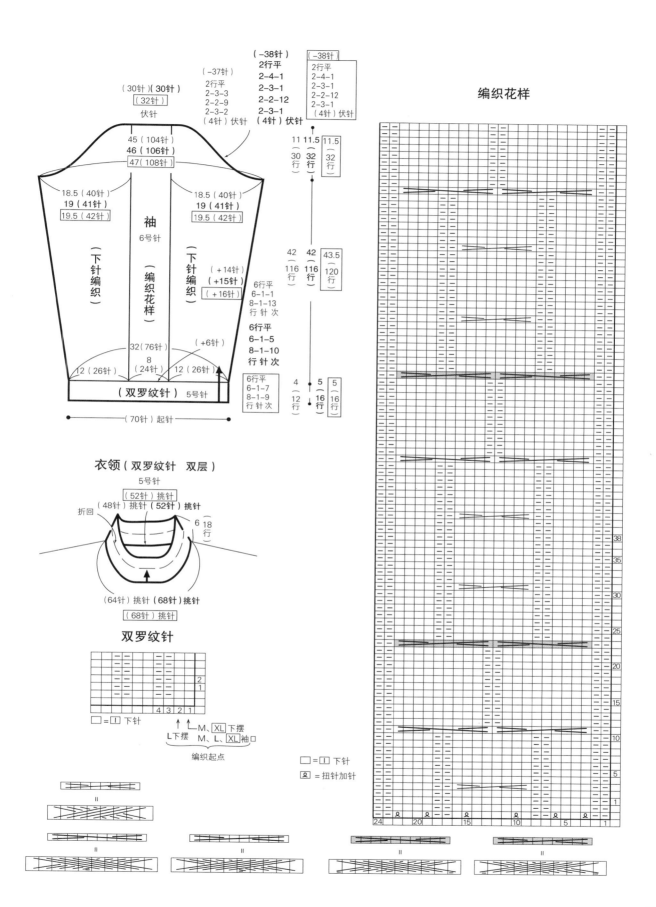

编织花样

（30针）（30针）
（32针）
伏针

（-37针）
2行平
2-3-3
2-2-9
2-3-2

（-38针）
2行平
2-4-1
2-3-1
2-2-12
2-3-1
（4针）伏针

（-38针）
2行平
2-4-1
2-3-1
2-2-12
2-3-1
（4针）伏针

45（104针）
46（106针）
47（108针）

18.5（40针）
19（41针）
19.5（42针）

18.5（40针）
19（41针）
19.5（42针）

袖
6号针

（下针编织）
（编织花样）
（下针编织）

11 11.5 11.5
30 32 32
行 行 行

（+14针）
（+15针）
（+16针）

6行平
6-1-1
8-1-13
行 针 次

6行平
6-1-5
8-1-10
行 针 次

42 42 43.5
116 116 120
行 行 行

32（76针）
8（24针）

（+6针）

12（26针） 12（26针）

6行平
6-1-7
8-1-9
行 针 次

4 5 5
12 16 16
行 行 行

（双罗纹针）5号针

（70针）起针

衣领（双罗纹针 双层）

5号针

（52针）挑针
（48针）挑针（52针）挑针

折回

6（18行）

（64针）挑针（68针）挑针
（68针）挑针

双罗纹针

2
1
4 3 2 1

□=Ⅰ 下针

↑ ↑ M、XL 下摆
L下摆 M、L、XL 袖口
编织起点

□=Ⅰ 下针
図= 扭针加针

38
35
30
25
20
15
10
5
1

24 20 15 10 5 1

107

No. 31

简约款毛衣

作品 » p.32

准备

[线] 和麻纳卡 Aran Tweed 藏青色（11）520g/13 团，红色（6）20g/1 团（M 号）

L、XL 号…L 号 藏青色 14 团，红色 1 团；XL号 藏青色 16 团，红色 1 团

[针] 棒针 7 号、5 号

编织密度

10cm×10cm 面积内：编织花样 17 针、25 行

成品尺寸

	胸围	衣长	连肩袖长
M	110cm	67cm	83.5cm
L	114cm	70cm	86.5cm
XL	122cm	72cm	89.5cm

编织要点

● 前后身片、袖均手指起针，先编织双罗纹针条纹，然后做编织花样。

● 减针时，2 针及以上时做伏针减针，插肩线立起侧边 2 针减针，其他的 1 针减针则立起侧边 1 针减针。袖下加针时，在 1 针内侧编织扭针加针。

● 腋下做下针的无缝缝合，插肩线、胁部、袖下使用毛线缝针挑针缝合。

● 衣领从身片、袖挑针，编织双罗纹针，编织终点做下针织下针、上针织上针的伏针收针。

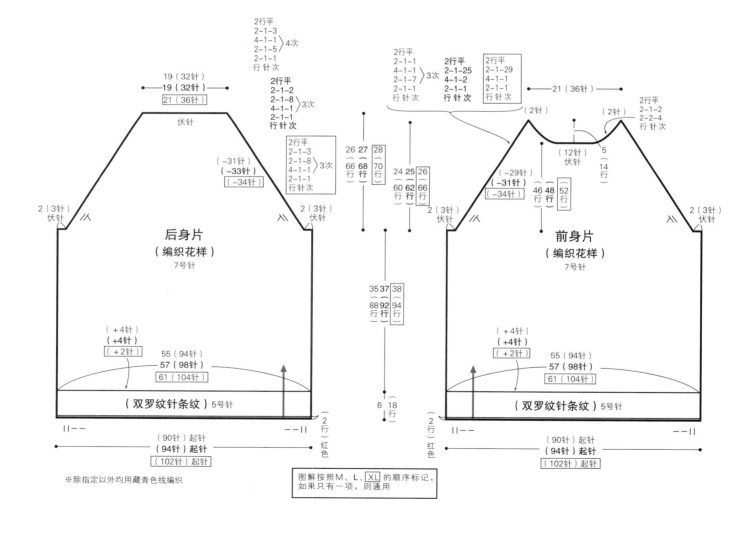

※除指定以外均用藏青色线编织

图解按照 M、L、XL 的顺序标记，如果只有一项，则通用

衣领（双罗纹针） 5号针 藏青色

双罗纹针

从后身片
（30针）挑针
（30针）挑针
（34针）

伏针收针

3.5 10
行

从右袖
（12针）
挑针

从前身片
（42针）挑针

从左袖
（12针）
挑针

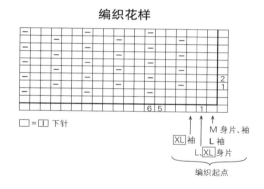

□＝日 下针

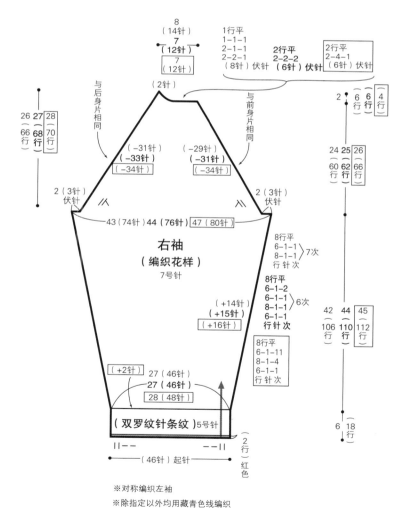

8
（14针）
7
（12针）
7
（12针）

（2针）

与后身片相同

1行平
1－1－1
2－1－1
2－2－1
（8针）伏针

2行平
2－2－2
（6针）伏针

2行平
2－4－1
（6针）伏针

与前身片相同

2
（6针）
6
行
6
行
4
行

26 27 28
（66 68 70
行）

（－31针）
（－33针）
（－34针）

（－29针）
（－31针）
（－34针）

24 25 26
（60 62 66
行）

2（3针）
伏针

43（74针）44（76针） 47（80针）

2（3针）
伏针

右袖
（编织花样）
7号针

8行平
6－1－1
8－1－1 }7次
行针次

8行平
6－1－2
8－1－1
8－1－1 }6次
6－1－1
行针次

42 44 45
（106 110 112
行）

（＋14针）
（＋15针）
（＋16针）

8行平
6－1－11
8－1－4
6－1－1
行针次

（＋2针） 27（46针）
27（46针）
28（48针）

6 18
（行）

（双罗纹针条纹）5号针

‖－－ －－‖

（46针）起针

2
行
红色

※对称编织左袖

※除指定以外均用藏青色线编织

编织花样

□＝日 下针

XL 袖
L 袖
M 身片、袖
L、XL 身片
编织起点

双罗纹针条纹（下摆、袖口）

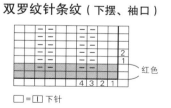

红色

□＝日 下针

No. 33

费尔岛风情
马甲

作品 » p.34

[准备]

[线] 和麻纳卡 Amerry 炭灰色（30）
230g/6 团，墨蓝色（16）25g/1 团，
蓝绿色（12）15g/1 团，灰黄色（1）
5g/1 团（M 号）
L、XL号…L号 炭灰色7团，墨蓝色、
蓝绿色、灰黄色各1团；XL号 炭
灰色7团，墨蓝色、蓝绿色、灰黄
色各1团

[针] 棒针 5 号、6 号、3 号

[编织密度]

10cm×10cm面积内：下针编织（5号针）23
针、30行；配色花样（6号针）23针、25行

[编织要点]

● 身片手指起针，后身片用炭灰色线编织双
罗纹针、下针编织。前身片编织双罗纹针
和配色花样。袖隆、领窝、后斜肩减针时，
2 针及以上时做伏针减针，1 针时立起侧
边 1 针减针。

● 肩部做下针的无缝缝合，胁部使用毛线缝
针挑针缝合。衣领、袖隆挑取指定数量
的针目，环形编织双罗纹针。参照图示在
V 领领尖减针。编织终点做下针织下针、
上针织上针的伏针收针。

[成品尺寸]

	胸围	肩宽	衣长
M	102cm	38cm	62cm
L	106cm	40cm	65cm
XL	112cm	43cm	68cm

※没有标记尺码的地方通用

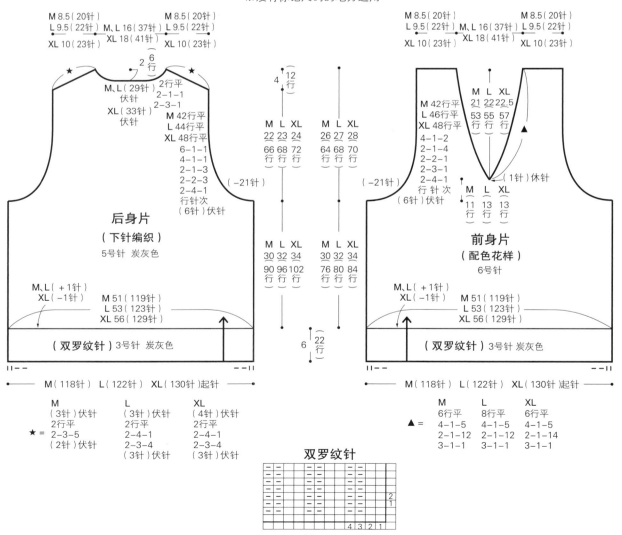

双罗纹针

□=|下针

配色花样（前身片）

□	=	炭灰色
⊠	=	蓝绿色
▨	=	墨蓝色
⊙	=	灰黄色

配色

□ = ⊡ 下针

12 10   5   1

M L XL

编织起点

※ 横向渡线编织配色花样的方法请参照 p.79

衣领、袖窿（双罗纹针）

3号针 炭灰色

2.5 (8 行)

∮ = M（52针）
L（54针）}挑针
XL（55针）

∅ = M（42针）
L（42针）}挑针
XL（44针）

◉ = M（73针）
L（76针）
XL（78针）

⊠ = M（63针）
L（64针）
XL（66针）

从前身片◉
从后身片⊠
挑针

2.5 (8 行)

（1针）
挑针

（-4针）

V领领尖的编织方法

做下针织下针、
上针织上针的
伏针收针

⑧
⑤
①

M（52针）
L（54针）
XL（55针）

M（52针）
L（54针）
XL（55针）

（1针）

→ No.35 多色菱形花格马甲的后续编织方法

衣领、袖窿（单罗纹针）7号针 深藏青色

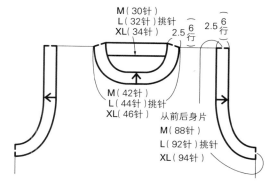

M（30针）
L（32针）挑针
XL（34针）

2.5 (6 行) 2.5 (6 行)

M（42针）
L（44针）挑针
XL（46针）

从前后身片
M（88针）
L（92针）挑针
XL（94针）

※ 纵向渡线编织配色花样的方法请参照 p.102

配色花样

13针52行1个花样

□	=	深藏青色
▫	=	胭脂色
▨	=	浅灰色

配色

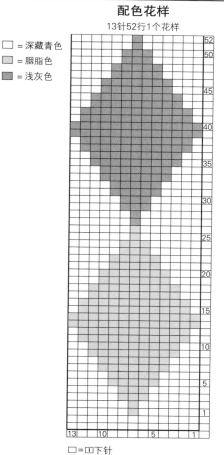

□ = ⊡ 下针

111

No. **35**

多色菱形花格
马甲

作品 》 p.36

准备

［ 线 ］ 和麻纳卡 Men's Club MASTER 深
藏青色（7）315g/7 团，胭脂色（9）、
浅灰色（56）8g/ 各 1 团（ M 号）
L、XL号…L号 深藏青色8团，胭脂色、
浅灰色各 1 团；XL号 深藏青色 9 团，
胭脂色、浅灰色各 1 团

［ 针 ］ 棒针 10 号、7 号

编织密度

10cm×10cm 面积内：下针编织、配色花样均为
15.5 针、20 行

编织要点

●身片手指起针，编织单罗纹针。袖窿、领
窝减针时，2 针及以上时做伏针减针，1
针时立起侧边 1 针减针。前身片中心纵向
渡线编织配色花样。

●肩部引拔接合，胁部使用毛线缝针挑针
缝合。从领窝、袖窿挑针，编织单罗纹针，
编织终点做下针织下针、上针织上针的伏
针收针。

成品尺寸

	胸围	肩宽	衣长
M	102cm	38cm	62cm
L	108cm	41cm	65cm
XL	114cm	43cm	68cm

※没有标记尺码的地方通用

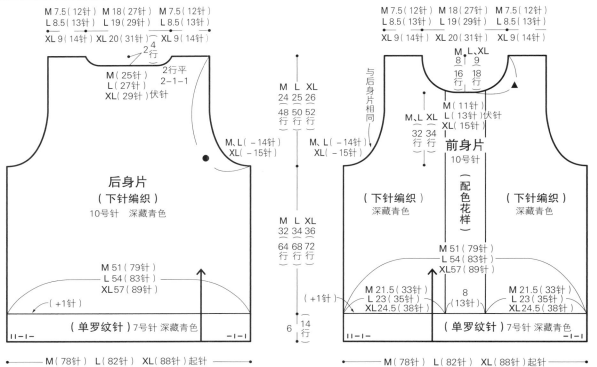

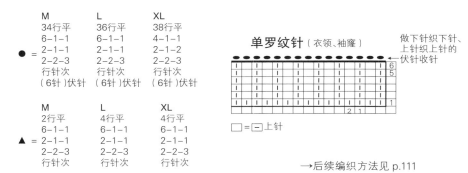

単罗纹针（衣领、袖窿）

做下针织下针、
上针织上针的
伏针收针

□ = − 上针

单罗纹针（下摆）

□ = − 上针

→后续编织方法见 p.111

No. 36

拼接花样的围脖

作品 》 p.37

[准备]

[线] 和麻纳卡 Aran Tweed 原白色（1）
90g/3 团，灰色（3）75g/2 团，炭
灰色（9）70g/2 团

[针] 棒针 8 号

编织密度

10cm×10cm 面积内：编织花样 A 17 针、29 行；
编织花样 B 25 针、25.5 行；编织花样 C 17 针、
27 行

成品尺寸

周长 135cm，宽 28cm

编织要点

●另线锁针起针，用灰色线做 130 行编织
花样 A。换成原白色线编织 22 针加针，
做 114 行编织花样 B。换成炭灰色线编
织 22 针减针，然后做 122 行编织花样 C。
编织终点休针。

●解开起针的另线锁针，和编织终点正面相
对对齐，用炭灰色线钩织引拔针接合。

围脖

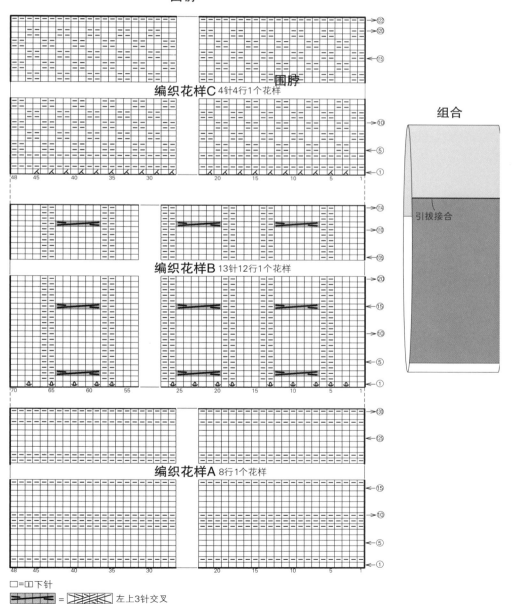

编织花样C 4针4行1个花样

编织花样B 13针12行1个花样

编织花样A 8行1个花样

□=国 下针

= 左上3针交叉

组合

引拔接合

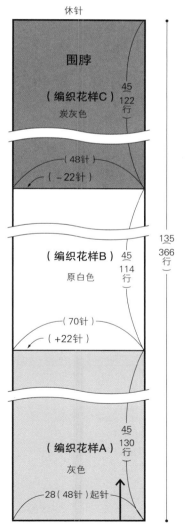

休针

围脖

（编织花样C）
炭灰色
45
122
行

（48针）
（－22针）

（编织花样B）
原白色
45
114
行

（70针）
（+22针）

（编织花样A）
灰色
45
130
行

28（48针）起针

135
366
行

※全部用8号针编织

113

No. **34**

传统花样的
阿兰毛衣

作品 » p.35

准备

[线] 和麻纳卡 Men's Club MASTER
蓝色（69）735g/15团（M号）
L、XL号…L号16团，XL号17团

[针] 棒针10号

编织密度

10cm×10cm面积内：编织花样20针、21行；
桂花针16针、21行

成品尺寸

	胸围	衣长	连肩袖长
M	108cm	68cm	83cm
L	116cm	70cm	85.5cm
XL	122cm	72cm	88cm

编织要点

●身片、袖手指起针，编织双罗纹针。下摆加针，在中心做编织花样，两边编织桂花针。插肩线减针时，立起侧边3针减针。前领窝减针时，2针及以上时做伏针减针，1针时立起侧边1针减针。袖的编织方法和身片相同，袖下在1针内侧编织扭针加针。

●插肩线、胁部、袖下使用毛线缝针挑针缝合，腋下针目做下针的无缝缝合。衣领从前后身片、袖挑针，编织双罗纹针，编织终点做下针织下针、上针织上针的伏针收针。

※没有标记尺码的地方通用
※全部使用10号针编织

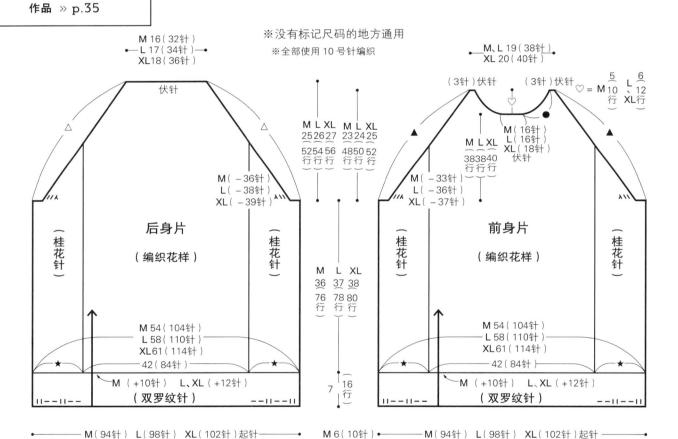

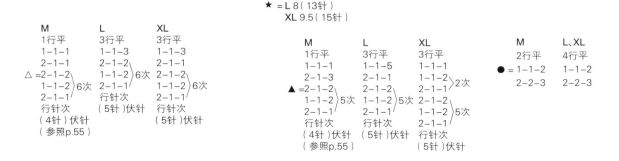

114

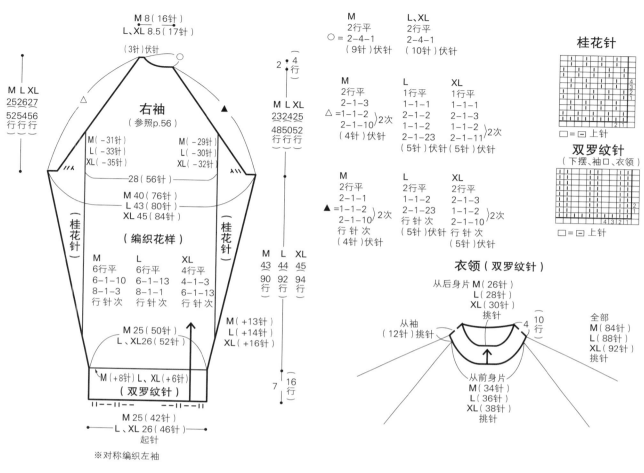

M 8（16针）
L、XL 8.5（17针）
（3针）伏针

M L XL
252627
525456
行行行

右袖
（参照p.56）

M（-31针）
L（-33针）
XL（-35针）

M（-29针）
L（-30针）
XL（-32针）

28（56针）

M 40（76针）
L 43（80针）
XL 45（84针）

（编织花样）

M	L	XL
6行平	6行平	4行平
6-1-10	6-1-13	4-1-3
8-1-3	8-1-1	6-1-13
行针次	行针次	行针次

（桂花针）

M 25（50针）
L、XL26（52针）

M（+8针）L、XL（+6针）
（双罗纹针）

M 25（42针）
L、XL 26（46针）
起针

※对称编织左袖

2（4行）

M L XL
232425
485052
行行行

M（+13针）
L（+14针）
XL（+16针）

M	L	XL
43	44	45
90行	92行	94行

7（16行）

M	L、XL
2行平	2行平
2-4-1	2-4-1
（9针）伏针	（10针）伏针

○ =

M	L	XL
2行平	1行平	1行平
2-1-3	1-1-1	1-1-1
	2-1-2	2-1-3
	1-1-2	1-1-2
	2-1-23	2-1-11
（4针）伏针	（5针）伏针	（5针）伏针

△ =1-1-2 2-1-10 }2次

M	L	XL
2行平	2行平	2行平
2-1-1	1-1-2	2-1-3
	2-1-23	1-1-2
行针次	行针次	2-1-10 }2次
（4针）伏针	（5针）伏针 行针次	（5针）伏针 行针次

▲ =1-1-2 2-1-10 }2次

桂花针

□ = □ 上针

双罗纹针
（下摆、袖口、衣领）

□ = □ 上针

衣领（双罗纹针）

从后身片M（26针）
L（28针）
XL（30针）
挑针

从袖
（12针）挑针

4（10行）

全部
M（84针）
L（88针）
XL（92针）
挑针

从前身片
M（34针）
L（36针）
XL（38针）
挑针

编织花样

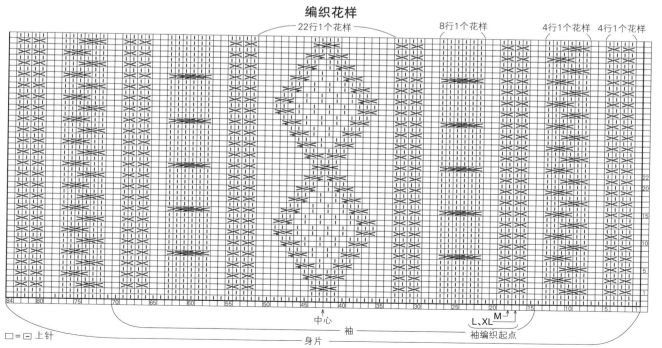

22行1个花样
8行1个花样
4行1个花样　4行1个花样

中心
袖
身片
袖编织起点
L、XL M

□ = □ 上针

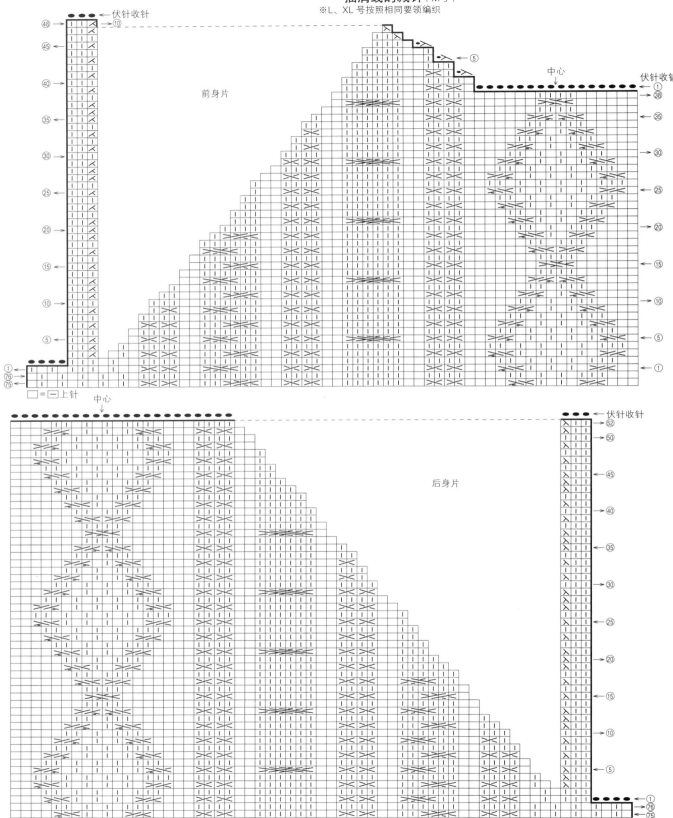

插肩线的减针（M号）
※L、XL 号按照相同要领编织

伏针收针
⑩
前身片
中心
伏针收针
⑤
□＝□上针
中心

后身片
伏针收针

□＝□上针

116

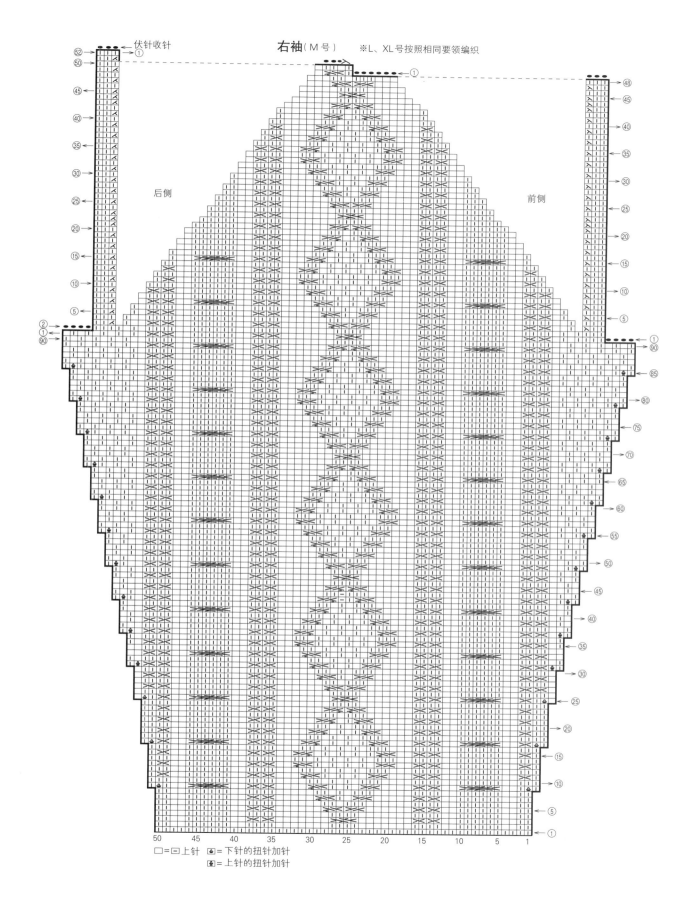

伏针收针
① 右袖（M号） ※L、XL号按照相同要领编织

后侧 前侧

□=□上针　圖=下针的扭针加针
圖=上针的扭针加针

No. **38**

麻花花样帽子
作品 » p.39

准备

[线] 和麻纳卡 Amerry L（极粗）绿色
（108）90g/3 团
[针] 棒针 15 号、12 号

编织密度

10cm×10cm 面积内：编织花样 16.5 针、18.5 行

成品尺寸

帽围 54cm，帽深 23.5cm

编织要点

● 手指起针环形编织，编织 11 行单罗纹针。
● 编织 22 行编织花样，第 1 行一边编织一
边加针。
● 一边分散减针，一边编织 12 行。最终行
每隔 1 针穿线，穿 2 圈收紧。

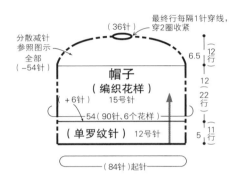

帽子

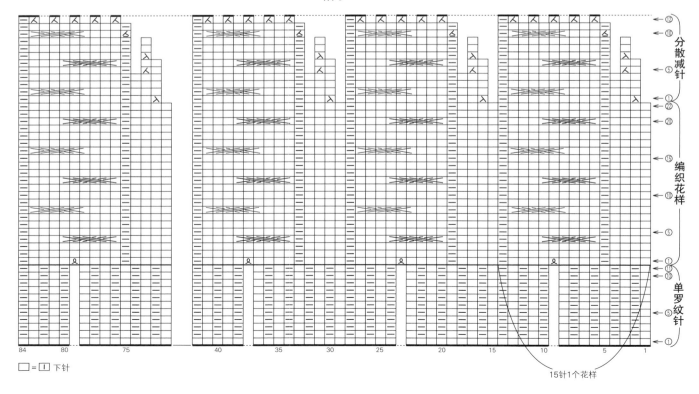

□ = ① 下针

No. **39**

短围脖

作品 » p.39

准备

[线] 和麻纳卡 Amerry L（极粗）绿色
（108）175g/5 团

[针] 棒针 15 号

编织密度

10cm×10cm 面积内：编织花样 15 针、19 行

成品尺寸

周长 60cm，宽 36cm

编织要点

● 手指起针环形编织，编织 4 行单罗纹针。

● 编织 61 行编织花样，然后编织 4 行单罗
纹针。

● 编织终点做下针织下针、上针织上针的伏
针收针。

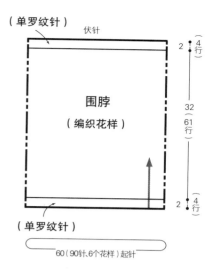

（单罗纹针）

伏针

围脖
（编织花样）

2 (4行)

32 (61行)

2 (4行)

（单罗纹针）

60（90针，6个花样）起针

围脖

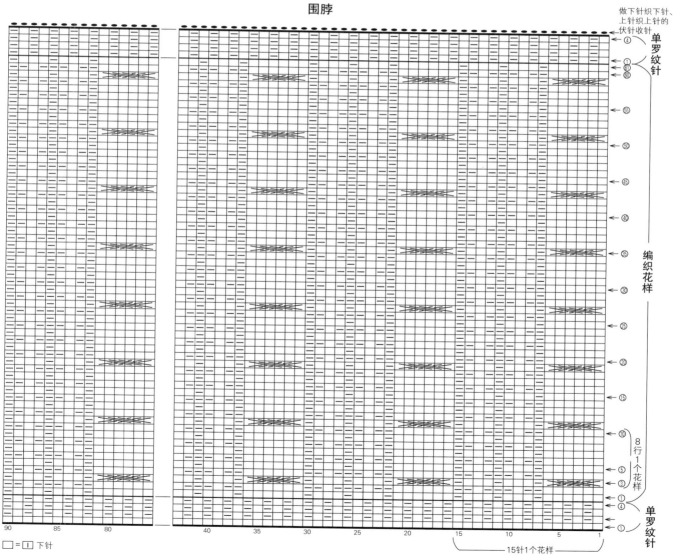

做下针织下针、
上针织上针的
伏针收针

④
①
⑩
⑩

单罗纹针

⑤⑤

⑤⑩

④⑤

④⑩

③⑤

③⑩

②⑤

②⑩

编织花样

⑤

④⑩

⑩

8行1个花样

⑤

③

①

④

单罗纹针

①

90 85 80 40 35 30 25 20 15 10 5 1

□ = I 下针

15针1个花样

119

编织的基础知识

起针

手指起针

1

线头约留编织长度的 3 倍。

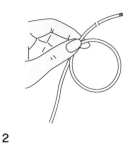

2

做个线圈，左手拿着交叉点。

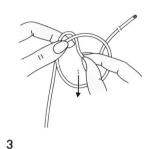

3

将线头从线圈中拉出。

4

拉出了一个小线圈。

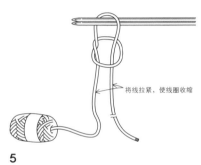

5

将 2 根棒针插入小线圈，拉动下面的两根线使线圈收紧。

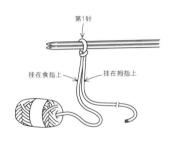

6

这就是第 1 针。然后将线头挂在拇指上，另一根线挂在食指上，用剩余的 3 根手指捏住 2 根线。

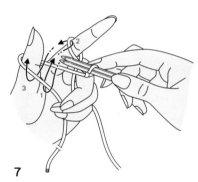

7

如箭头所示转动针头，给棒针挂线。

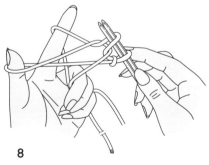

8

挂好线。

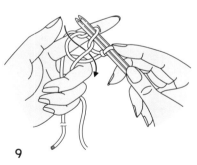

9

将拇指上的线圈取下，如箭头所示重新插入拇指。

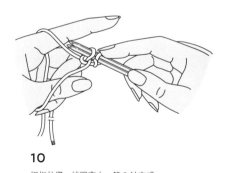

10

拇指拉紧，线圈变小。第 2 针完成。

11

重复步骤 7~10 的操作。起所需要的针数。

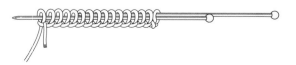

12

抽出 1 根棒针，开始编织。

另线锁针起针

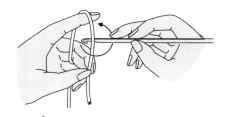

1
钩织锁针。将钩针放在线后，如箭头所示转动。

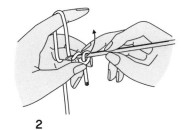

2
手指按着交点，给钩针挂线，从线圈中拉出。

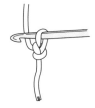

3
拉紧线头将线圈收紧，这就是第1针。这一针不计入针数。

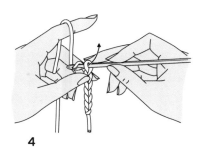

4
重复"给钩针挂线并拉出"，完成比所需要的针数多几针的锁针。

5
最后再次挂线并引拔，拉出线头后剪断。

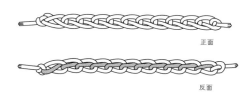

正面

反面

6
另线锁针起针完成。

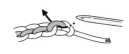

7
如箭头所示，将棒针插入编织终点侧的里山。

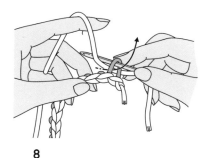

8
从里山拉出编织线，完成挑针。

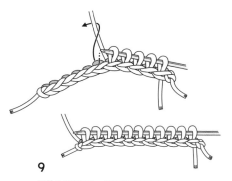

9
逐针从里山挑针，挑取所需要的针数。

〈解开另线锁针挑针的方法〉

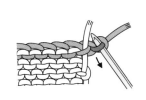

1
看着织片反面，将棒针插入另线锁针的里山，拉出线头，解开针目。

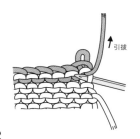

引拔

2
将棒针插入线圈，解开另线锁针。

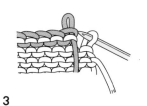

3
解开了1针。一边将棒针插入线圈，一边继续解开另线锁针。

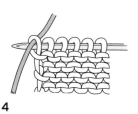

4
最后1针扭转着挑针，抽出另线锁针的线。

编织符号

☐ 下针

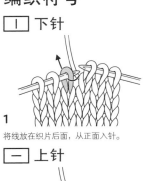

1 将线放在织片后面，从正面入针。

2 插入棒针后，挂线。

3 如箭头所示，将线拉出。

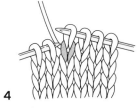

4 下针完成。

☐ 上针

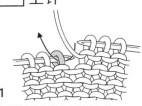

1 将线放在织片前面，从正面入针。

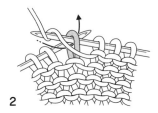

2 挂线，如箭头所示向后拉出。

3 拉出线的样子。

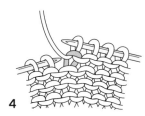

4 上针完成。

☐ 挂针

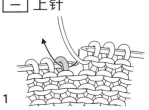

1 从前向后给棒针挂线。

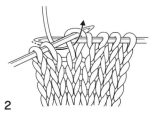

2 下一针编织下针。

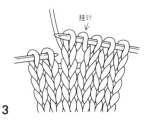

挂针
3 挂针完成。

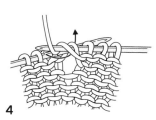

4 下一行从反面编织此挂针时，编织上针。

☐ 扭针

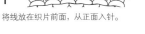

1 如箭头所示，从后面插入棒针将针目扭转。

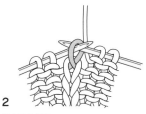

2 插入后的样子。

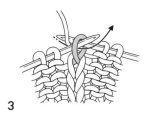

3 给棒针挂线，如箭头所示拉出。

4 扭针完成。

☐ 上针的扭针

1 将线放在织片前面，如箭头所示，从后面插入棒针将针目扭转。

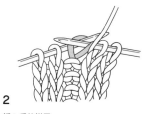

2 插入后的样子。

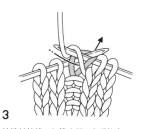

3 给棒针挂线，如箭头所示向后拉出。

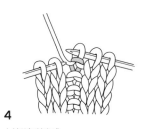

4 上针的扭针完成。

☐ 右上2针并1针

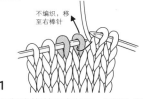

1 从前面将棒针插入右边针目，不编织，直接移至右棒针。

不编织，移至右棒针

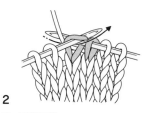

2 下一针编织下针。

盖住
3 将左棒针插入移过去的针目，盖住刚刚编织的针目。

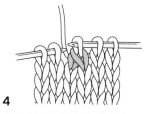

4 抽出左棒针，右上2针并1针完成。

⊠ 上针的右上 2 针并 1 针

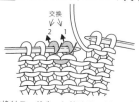

1
交换针目。首先，如箭头所示插入，将针目移至右棒针。

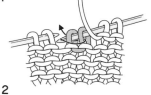

2
如箭头所示将针目移回左棒针。

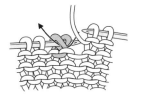

3
如箭头所示插入，2 针一起编织上针。

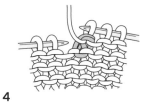

4
上针的右上 2 针并 1 针完成。

⊠ 左上 2 针并 1 针

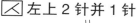
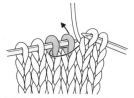

1
如箭头所示，从 2 针左侧一次性将棒针插入 2 个针目。

2
将棒针插入 2 个针目的样子。

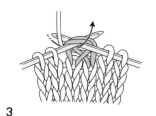

3
挂线并拉出，2 针一起编织下针。

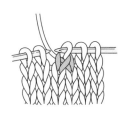

4
将针目从左棒针上取下，左上 2 针并 1 针完成。

⊠ 上针的左上 2 针并 1 针

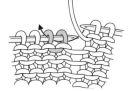

1
如箭头所示，从 2 针右侧一次性将棒针插入 2 个针目。

2
将棒针插入 2 个针目的样子。

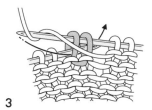

3
挂线并拉出，2 针一起编织上针。

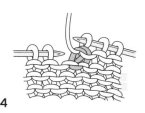

4
将针目从左棒针上取下，上针的左上 2 针并 1 针完成。

⋏ 中上 3 针并 1 针

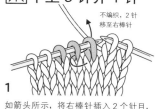

1
如箭头所示，将右棒针插入 2 个针目，不编织直接移过去。

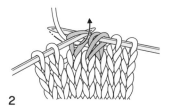

2
插入第 3 针，挂线编织下针。

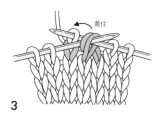

3
将左棒针插入移过来的 2 针，使其盖住第 3 针。

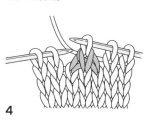

4
将针目从左棒针上取下，中上 3 针并 1 针完成。

⊠ 右上 1 针交叉

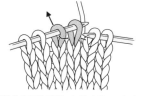

1
将线放在织片后侧，如箭头所示，将右棒针插入。

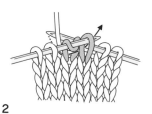

2
挂线，如箭头所示拉出，编织下针。

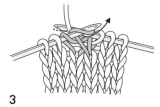

3
保持此状态，右边针目挂线并拉出，编织下针。

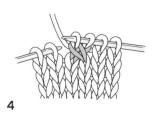

4
将此 2 针从左棒针上取下，右上 1 针交叉完成。

⊠ 左上 1 针交叉

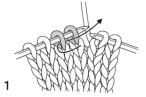

1
如箭头所示，将右棒针从左边针目的前侧插入。

2
挂线，如箭头所示拉出，编织下针。

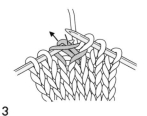

3
保持此状态，右边针目挂线并拉出，编织下针。

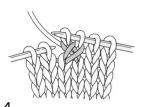

4
将此 2 针从左棒针上取下，左上 1 针交叉完成。

⊠ 右上1针交叉（下侧是上针时）

1 将线放在织片前侧，如箭头所示，从左边针目的后侧插入右棒针。

2 挂线，如箭头所示将针目拉出，编织上针。

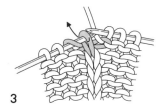

3 保持此状态，右边针目编织下针。

4 将编织结束的2针从左棒针上取下，完成。

⊠ 左上1针交叉（下侧是上针时）

1 如箭头所示，将右棒针插入左边的针目。

2 挂线，编织下针，将线放在前面，如箭头所示将棒针插入右边针目。

3 保持此状态，将线拉出，编织上针。

4 将编织结束的2针从左棒针上取下，完成。

⊠⊠ 右上2针交叉

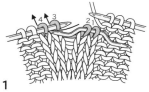

1 将右边的2针移至麻花针，放在织片前面休针。针目3、4编织下针。

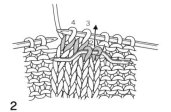

2 将右棒针插入第1针，编织下针。

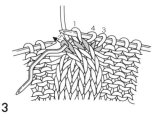

3 第2针也编织下针。

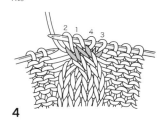

4 右上2针交叉完成。

⊠⊠ 左上2针交叉

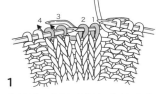

1 将右边的2针移至麻花针，放在织片后面休针。针目3、4编织下针。

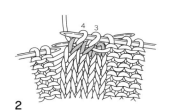

2 针目3、4编织好了下针。

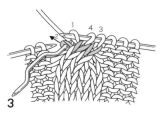

3 针目1、2编织下针。

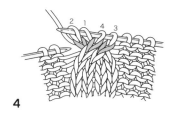

4 左上2针交叉完成。

扭针加针

●右侧

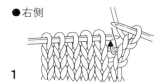

1 编织右端1针，如箭头所示将右棒针插入。

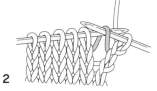

2 挑起下线圈，挂在左棒针上。

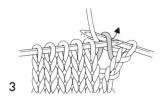

3 给右棒针挂线，如箭头所示拉出。

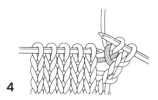

4 右侧的扭针加针完成。

●左侧

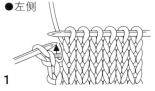

1 编织至左端1针前面，如箭头所示将右棒针插入。

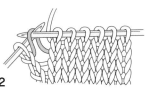

2 挑起下线圈，挂在左棒针上。

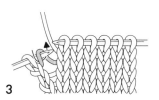

3 如箭头所示将右棒针插入。

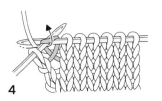

4 挂线，如箭头所示拉出，左侧的扭针加针完成。

收针

伏针收针

●下针的伏针收针

1
端头2针编织下针。

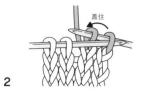

2
用右端的针目盖住第2针，然后抽出左棒针。

3
1针伏针完成。

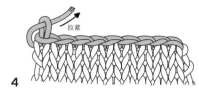

4
重复"编织，盖住"至端头。最后，将线头穿入线圈并拉紧。

●下针织下针、上针织上针的伏针收针

1
端头针目编织下针，下一针编织上针，用端头针目盖住第2针。

2
下一针编织下针。

3
用右边的针目盖住左边的针目。重复"上针织上针、下针织下针，盖住"。

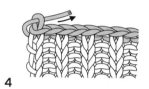

4
最后，将线头穿入线圈并拉紧。

单罗纹针收针

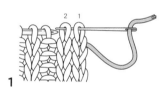

1
从端头2针的前侧插入毛线缝针。

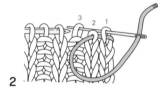

2
再次从针目1的前侧插入毛线缝针，从针目3的前侧出针。

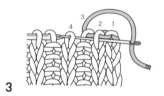

3
从针目2的前侧插入毛线缝针，从针目4的前侧出针（下针和下针）。

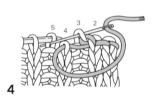

4
从针目3的后侧插入毛线缝针，从针目5的后侧出针（上针和上针）。

●右端是2针下针，左端是1针下针时

5
左端重复步骤3、4的操作。

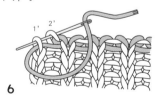

6
最后从针目2'的后侧插入毛线缝针，从针目1'的前侧出针。

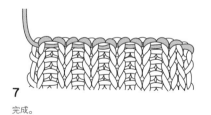

7
完成。

●两端为2针下针的情况

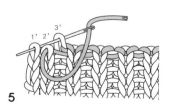

5
（步骤1~4参照前面）从针目3'的后侧插入毛线缝针，从针目1'的前侧出针。

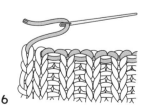

6
拉出线的情形。

7
从针目2'的前侧插入毛线缝针，从针目1'的前侧出针（下针和下针）。

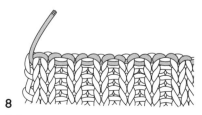

8
完成。

缝合和接合

引拨接合（针与针）

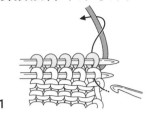

1
将 2 片织片正面相对重叠着拿好，按照图示插入钩针。

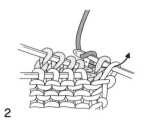

2
挂线，从 2 个线圈中引拨出。

3
引拨后的样子。

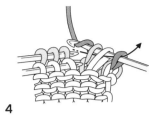

4
下一针也按照此方法插入钩针，从 3 个线圈中引拨出。重复以上操作，最后从 1 针中引拨出。

盖针接合

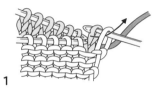

1
将 2 片织片正面相对重叠着拿好，将前面织片的端头 1 针转到钩针上，将后面织片的针目从中拉出。

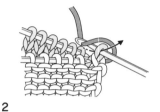

2
挂线并引拨。

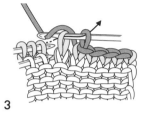

3
重复步骤 1、2 的操作。

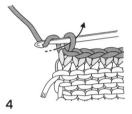

4
挂线并从最后一个线圈中拉出。

下针的无缝缝合

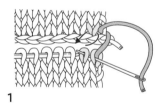

1
从反面将毛线缝针插入编织中的针目端头，然后挑起伏针收针的针目端头半针。如图所示挑起编织中的 2 针和伏针收针的 2 根倒八字形的线。

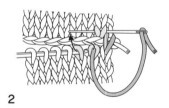

2
如箭头所示挑起编织中的 2 针，将针目拉至 1 针下针大小。

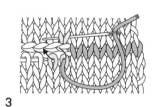

3
重复"挑起编织中的 2 针和伏针收针的 2 根倒八字形的线"。

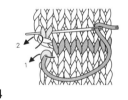

4
最后如箭头所示插入编织中的针目，然后挑起伏针收针的外侧半针，完成。

●两边均为伏针时

依次将毛线缝针插入无线头的下方织片端头针目和上方织片端头针目。然后如箭头所示，依次挑起下方织片的 2 根线和上方织片的 2 根线。

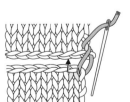
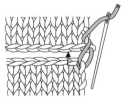
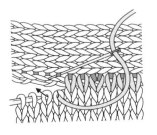
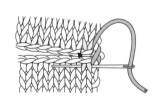
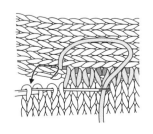
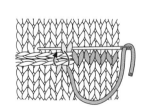

对齐针与行缝合

需要缝合的两边，一边是编织针，一边是编织行。缝合时，编织行挑起端头 1 针内侧的渡线，针目一侧将毛线缝针插入 2 针。如果编织行较多，可以偶尔挑起 2 行进行调整。缝合时，将线拉至看不见为止。

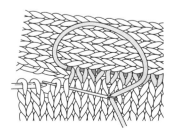

挑针缝合

●直线部分

如图所示，用毛线缝针挑起两片织片的起针。每行交替挑起端头1针内侧的下线圈，将线拉好。拉至看不见缝合线为止。

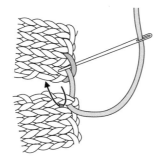 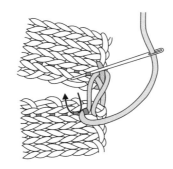 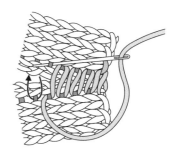

●加针部分

遇到加针时，从下方将毛线缝针插入十字形针目。另一边的加针（扭针）的十字形针目也从下方插入毛线缝针。然后再次插入加针的十字形针目，同时挑起下一行端头1针内侧线弧。

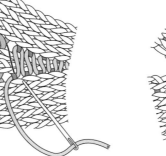 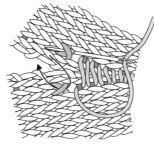 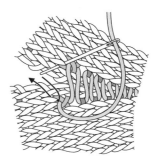

●减针部分

遇到减针时，将毛线缝针插入端头1针内侧的线弧和减针后重叠着的下侧针目中心。然后同时挑起减针部分和下一行端头1针内侧的线弧。

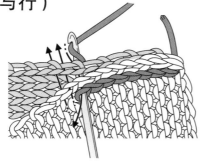 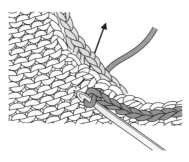

引拔接合（行与行）

●直线接合

将2片织片正面相对重叠着拿好，按照图示插入钩针，挂线并拉出。

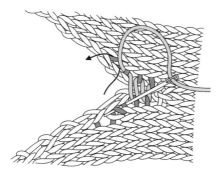

●曲线接合

将2片织片正面相对重叠着拿好，用珠针在上面固定数处，然后按照图示插入钩针，挂线并拉出。

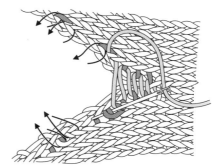

备案号：豫著许可备字 – 2021 – A – 0142

图书在版编目（CIP）数据

手编经典男性服饰 39 款 / 日本宝库社编著；如鱼得水译 . –– 郑州：
河南科学技术出版社 , 2025. 3. –– ISBN 978–7–5725–1427–2

Ⅰ. TS941.718–64

中国国家版本馆 CIP 数据核字第 202496E8B3 号

出版发行：河南科学技术出版社

地址：郑州市郑东新区祥盛街 27 号　　邮编：450016

电话：（0371）65737028　　　65788613

网址：www.hnstp.cn

出 版 人：乔　辉

策划编辑：仝广娜

责任编辑：刘淑文

责任校对：刘逸群

封面设计：张　伟

责任印制：徐海东

印　　刷：北京盛通印刷股份有限公司

经　　销：全国新华书店

开　　本：889mm×1 194mm　1/16　　印张：8　　字数：223 千字

版　　次：2025 年 3 月第 1 版　　2025 年 3 月第 1 次印刷

定　　价：59.00 元

如发现印、装质量问题，影响阅读，请与出版社联系并调换。